"十三五"高等职业教育核心课程规划教材·机械类

Geomagic Design X 2016
三维逆向企业案例教程

主　编　孙翀翔　　徐　慧
副主编　李家峰　　张　宇
　　　　赵宏立　　赵　萍
参　编　热　焱　　吴文奇
主　审　魏　兵

西安交通大学出版社
XI'AN JIAOTONG UNIVERSITY PRESS

内容提要

本书是提供学生在三维逆向建模企业的案例,也可作为三维建模逆向工程爱好者的工具用书。本书包含 8 个企业案例程序项目,购书扫码即送配套 8 个案例教学视频和练习视频以及初级、中级和高级课后练习题。

本书既能满足教学过程中所需的案例需求,又能满足同学在课后的练习需求。本书可作为高等院校机械类、测量类、航空航天类、车辆工程类等专业的教材,也可供相关师生和工程技术人员参考。

图书在版编目(CIP)数据

Geomagic Design X 2016 三维逆向企业案例教程/孙翀翔,徐慧主编.
—西安:西安交通大学出版社,2018.1(2020.11 重印)
ISBN 978 - 7 - 5693 - 0396 - 4

Ⅰ.①G… Ⅱ.①孙… ②徐… Ⅲ.①工业产品-造型设计-计算机辅助设计-应用软件-教材 Ⅳ.①TB472 - 39

中国版本图书馆 CIP 数据核字(2018)第 018311 号

书　　名	Geomagic Design X 2016 三维逆向企业案例教程	
主　　编	孙翀翔　　徐　慧	
责任编辑	雷萧屹	

出版发行　西安交通大学出版社
　　　　　(西安市兴庆南路 10 号　邮政编码 710049)
网　　址　http://www.xjtupress.com
电　　话　(029)82668357　82667874(发行中心)
　　　　　(029)82668315(总编办)
传　　真　(029)82668280
印　　刷　广东虎彩云印刷有限公司

开　　本　787mm×1092mm　1/16　　印张 12.125　　字数 293 千字
版次印次　2018 年 1 月第 1 版　2020 年 11 月第 2 次印刷
书　　号　ISBN 978 - 7 - 5693 - 0396 - 4
定　　价　70.00 元

读者购书、书店添货,如发现印装质量问题,请与本社发行中心联系、调换。
订购热线:(029)82665248　(029)82665249
投稿信箱:850905347@qq.com

前 言

本书由辽宁省交通高等专科学校联合来高智能科技(沈阳)有限公司共同开发,本教材属于校企合作教材,适用于机械相关专业领域的逆向工程与无接触式自动检测方向的学习和研究,针对高等职业院校机械类专业编写的理论与实践操作一体的教材,高度融合了企业生产和科研过程中的案例,落实"教、学、做"于一体,在"做中学、做中教",保证实训技能与企业工作过程相符。本书突出"实用为主,够用为度"融合了多年逆向工程设计的实践、培训和大赛经验(全国高职院校技能大赛三维建模数字化设计与制造、辽宁省高职院校技能大赛工业产品数字化设计与制造)编写而成。本书操作步骤清晰,内容由简到繁,循序渐进,实现"零起点开始,高技术实现"编写而成。

Geomagic Design X 2016 软件为 3D Systems 公司旗下产品,其前身 Rapid Form 是韩国 INUS 公司出品的全球四大逆向工程软件之一。该软件提供了新一代运算模式,可实时将点云数据运算出无接缝的多边形曲面,使它成为 Vtop Studio2018 后处理的最佳化接口。

本书以引导学生为主,在逆向工程的基础上应用多种实例,通过案例详细的介绍了各项命令功能的实际操作过程。通过学习本书内容,学生可具备运用扫描后的三维数据逆向高精度三维建模的能力。

本书是供学生在三维建模实训,建模后结合机械数控加工、3D打印等使用的教材,也可作为三维建模逆向工程三维建模的爱好者的工具用书。书中介绍了8个经典项目案例,包括命令的详细介绍,建模的基本知识,实例讲解,注意事项等内容,强化学生对知识与技能的掌握。

本书由辽宁省交通高等专科学校孙翀翔、徐慧担任主编,辽宁省交通高等专科学校李家峰、张宇、赵宏立、赵萍担任副主编,辽宁省交通高等专科学校热焱和来高智能科技(沈阳)有限公司吴文奇也参与了全书的编写工作。全书由来高智能科技(沈阳)有限公司董事魏兵主审。

为了学生更好的学习和教师更好的教学,来高智能科技有限公司魏兵对教材的编写提供了许多宝贵建议和企业实际案例,以真实的逆向工程项目和工作过程为载体,注重逆向设计技能的培养,丰富了项目资源,使得本书的知识点和技能点与实际企业的岗位技能点更加统一,在此表示衷心的感谢。

由于编者的水平和经验有限,书中难免存在不妥的错误,恳请读者批评指正。

1

来高智能科技(沈阳)有限公司是一家专注于数字三维技术创新扫描领域的供应商。公司以产品研发为主,辅助生产,为模具、教育、医疗、汽车等多领域提供专业化的三维扫描设备及系统化的数据采集服务。公司研制的 PTOP 系列非接触式三维扫描仪特别适用于复杂自由曲面的逆向建模,是产品开发、品质检测的必备工具,在 3D 打印领域同样也发挥着重要作用。

本书案例都由来高智能科技(沈阳)有限公司提供,案例非常适合初、中级学生进行学习。本书包含 8 个企业案例程序项目,购书送配套 8 个案例教学视频和 2 个练习视频、初级课后练习题 5 个、中级课后练习题 4 个、高级课后练习题 5 个,既满足教学过程中所需的案例,又能满足同学在课后的练习需求。

为方便广大读者和用户的需求,可扫描 QQ 群二维码进入,联系管理员下载视频资料。

来高科技逆向交流群

群号:246261880

扫一扫二维码,加入群聊。

 QQ

编　者

2017 年 11 月

目　录

绪　言
Geomagic Design X 2016 新功能介绍

1. 用户界面的改进

使用现代的、新的工作方式,带用户界面,可以更快更有效地工作。新的 Ribbon 界面旨在帮助您快速地获得完成设计所需的命令。这些命令被重新组织成工作组,并将它们放在单独的标签下。每个标签都涉及到一种 3D 反向建模活动,比如编辑扫描数据,对齐,草图并创建 3D 模型,如图 0 - 1 - 1 所示。

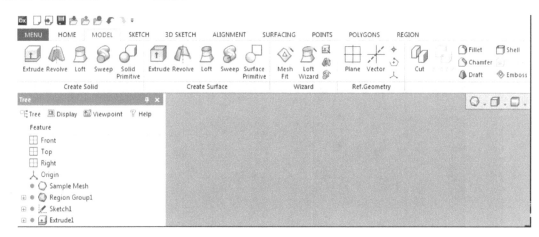

图 0 - 1 - 1　用户界面

2. 可定制的 Ribbon 菜单

该应用程序允许您自定义功能区栏。在 Ribbon Bar 中包含的所有命令都可以重新定位并重新组合,以获得更好的工作空间。在自定义 Ribbon 对话框中,可以轻松地添加所需的命令,并删除不经常使用的命令。可以通过在快速访问工具栏中单击定制功能区来定制 Ribbon Bar,如图 0 - 1 - 2 所示。

3. 新的快速访问工具栏

快速访问工具栏已经在应用程序的左上角添加了工具。这个工具栏提供了使用最频繁的新建、打开、保存、导入、导出、首选项和撤销/重做等命令,如图 0 - 1 - 3 所示。

4. 新工具栏条

上层工具栏在模型视图的上部添加了工具。这个工具栏提供了您在设计时可以快速更改视图的命令。使用这个工具栏中的精度分析器,您还可以快速验证您的设计,如图 0 - 1 - 4 所示。

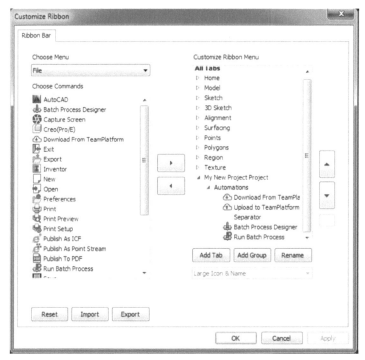

图 0 - 1 - 2　Ribbon 菜单

图 0 - 1 - 3　快速访问工具栏

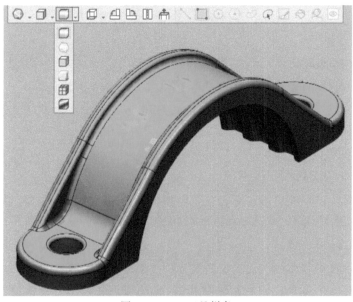

图 0 - 1 - 4　工具栏条

5. 增强的关联菜单

把你的工作保持在你的原形上比以往任何时候都要快。关联菜单提供了一组有限的命令，这些命令在您当前的设计状态中是可用的。当您在设计时，右键单击并找到想要在您的设计中操作的命令，如图 0-1-5 所示。

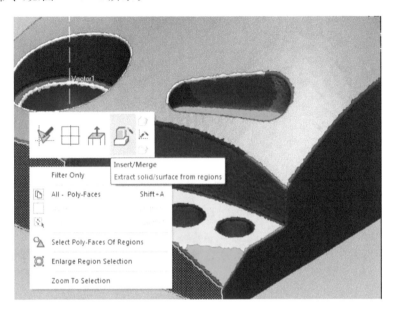

图 0-1-5 关联菜单

6. 增强的工具提示

工具提示已经得到了增强，可以为您更好地理解命令提供有用的信息。有了增强的工具提示，您可以节省您的时间来学习如何利用这个命令，并立即使用它，如图 0-1-6 所示。

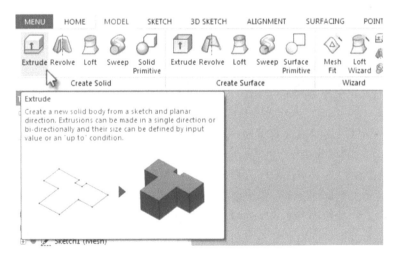

图 0-1-6 工具提示

7．准确的编辑表面布局

由 Geomagic 开发的经过行业验证的算法,现在已经成为了 2016 版扩展的表面工具的一部分。在 Design X 中,精确的显示提供了一系列直观的工具,用于控制和编辑表面布局、补丁和曲面拟合。一个由精确表面布局的 NURBS 方法(非均匀有理 B 样条(NURBS)方法)建立的模型可用于 CAD 建模、FEA、娱乐工程、存档等,如图 0-1-7 所示。

图 0-1-7　编辑表面布局

8．网格创建的改进

在 2016 年的设计中引入了一种名为"HD 网格"的新型网格结构工具。HD 网格的构造非常适合于生成高分辨率的网格,同时对您的 PC 资源进行最有效的使用。这个工具可以从嘈杂的或稀疏的点云中恢复精细的细节,并能智能地探测到洞,并自动地对洞进行处理,如图 0-1-8 所示。

图 0-1-8　新型网格结构工具

9．错误修复

(1)Geomagic Design X 2015.2.0 版本解决的 BUG

GDX-1912 在精度分析器中,如果将实体显示模式设置为"阴影",则不会显示等值线。

GDX-1411 场景文件不能导入。

GDX-1192 从最新的设备应用程序中导入 PTX 和 FLS 有问题。

GDX-1216 用户不能批量导入文件。

GDX-1090 在 CAD 的修改菜单中,修改命令有时不能正常工作。

GDX-810 在选择扩展时,预览有时会显示在错误的位置。

(2)Geomagic Design X 2016.0.1 解决的 BUG

GDX-2316 * 当扩展 Surface 命令运行时,应用程序有时会崩溃。

GDX-2315 * 在放样向导命令中列表不能重新排序。

GDX-2306 * 对于一个有特征区域的网格,在应用和消除修复正常的情况下,区域没有被恢复。

GDX-2303 * 根据 Internet Explorer 浏览器的版本,显示支持页面的不同内容。

GDX-2301 * 在批处理过程中遗漏了十进制的命令。

GDX－2282＊当自动分割正在运行时,应用程序有时会崩溃。

GDX－2264＊在批处理过程中,有一个问题是,HD 网格结构的选项设置不会被启用。

GDX－2261＊在自定义功能区对话框中,在命令列表中,有一些命令是不可用的。

GDX－2260＊有一些命令与它们的对话树的名称不匹配。

GDX－2249＊在区域工具的分割中,默认的区域按钮被激活。因此,在这个按钮被释放之前,在一个网格上的选择是有限的。

GDX－2227＊如果有多个点云和网格,就不能创建一个网格草图。

GDX－2219＊在批处理过程中遗漏了自动曲面命令。

GDX－2215＊当提取轮廓曲线命令运行时,下一个阶段、OK 和取消按钮没有出现在上下文菜单中。

GDX－2174＊与所选实体无关的命令显示在上下文菜单中。

GDX－2170＊如果网格和点云被设置为参考和目标,那么网格偏差就无法计算。

GDX－2051＊在鼠标的帮助下,一些图像重叠了。

GDX－2029＊当离开命令时,精度分析器中所选择的选项将不会被恢复。在输入命令时,精度分析器中的选项设置为“None”,当离开命令时恢复。

GDX－2023＊在网格向导中,编辑数据时,圆柱选择的操作器不能正常工作。

GDX－1481＊当从网格中复制顶点时,会出现一个问题,即普通信息会丢失。

GDX－1392＊在编辑一个网格时,分割区域的几何类型是不被保留的。

项目一　键盘按键模型重构

1.1　点云数据的处理

1.1.1　点云的导入

将点云数据"键盘按键模型.stl"文件直接拖入软件中,或点击"初始"→"导入",找到所需文件导入,如图 1-1-1、图 1-1-2 所示。

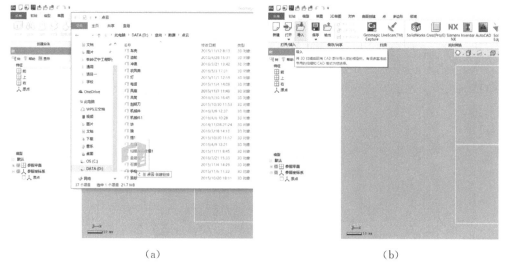

（a）　　　　　　　　　　　　　　　　　（b）

图 1-1-1　文件打开,选择目录

图 1-1-2　打开文件

1.1.2　三角网格面片修补

选择左侧特征树下的三角面片,双击进入"面片"模型,对三角面片进行修补,单击并使用"修补精灵"命令,进行整体修补,去除杂乱的面片,如图1-1-3所示。

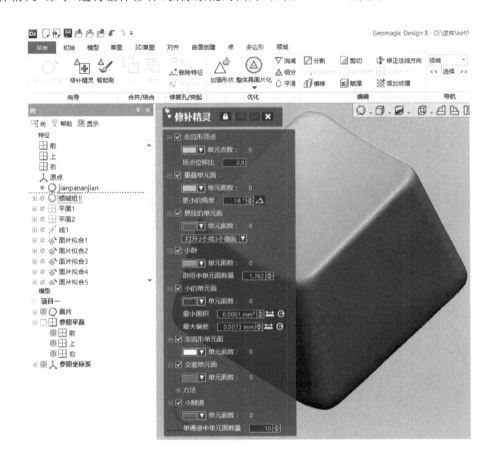

图1-1-3　修补精灵

注意:对于特别杂乱和表面质量不好的面片,可以点击"优质面片转化"来将面片转化成优质面片,如之后依然不能满足逆向条件,必须转入其他软件进行前处理,否则逆向的误差将不能满足需求。

1.1.3　数据保存

选择"菜单"→"文件"→"输出"命令,单独输出文件,选择所需的文件输出即可,如图1-1-4所示。

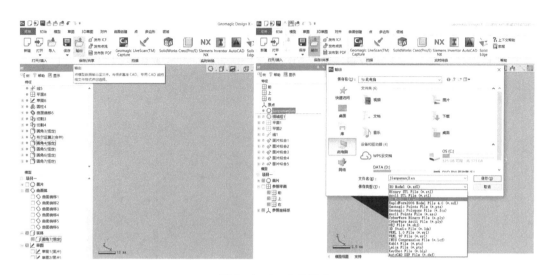

图 1-1-4　文件输出

1.2　创建模型特征

1.2.1　领域组的划分

（1）自动分割　单击进入"领域"模块，点击"自动分割"按钮，将"敏感度"设置为"25"，"面片的粗糙度"设置为中间位置，最后单击"确定"按钮即可，如图 1-2-1 所示。

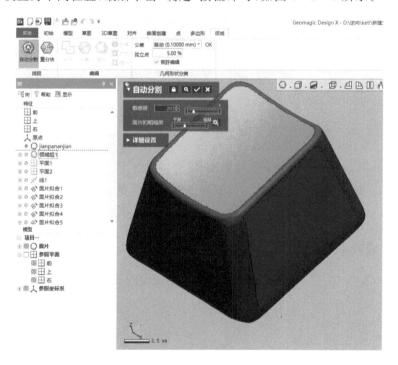

图 1-2-1　自动分割

注意:敏感度和面片的粗糙度应根据零件的不同而异,包括面片的质量、表面粗糙度、细节的清晰度。

(2)重分块　如果自动分割领域组后的数据分区不能满足后期建模的要求,需要对分区后的数据进行重新分割。

注意:手动分割的选择应选择需要的领域组,对于不需要或者后期无用的领域组不必进行处理,手动分割是为后期逆向提供便利。

(3)分离　对划分的区域进行自定义划分,单击"分离"命令,选择左下角的"画笔选择模式",对所不满意的领域组进行划分即可,如图1-2-2所示。

注意:调节画笔圆形的大小时可按住<Alt>键并拖动鼠标左键即可。

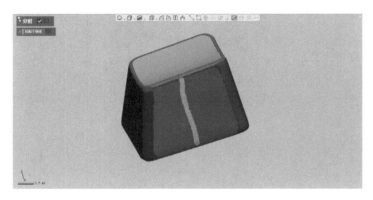

图1-2-2领域分离

(4)合并　选择两个领域组,单击"合并"按钮,即可将两个领域组合并成为一个领域组,如图1-2-3、图1-2-4所示。

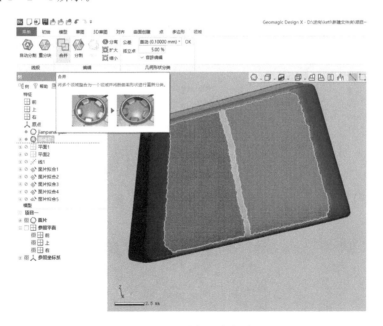

图1-2-3　选择两个领域组

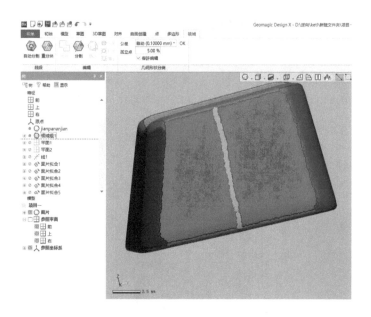

图 1-2-4　合并两个领域(同色为一个领域)

注意:这里不需要分割和合并,只是演示需要。

(5)扩大和缩小　选择所需调整的领域组,单击"扩大"按钮,即可将选中的领域组范围扩大,相反,"缩小"按钮可将所选中的领域组范围缩小。

1.2.2　对齐坐标系

①创建基准面,单击"模型"→"平面"按钮,选择分割好的领域组,分别创建平面一,平面二,线一,如图 1-2-5 所示。

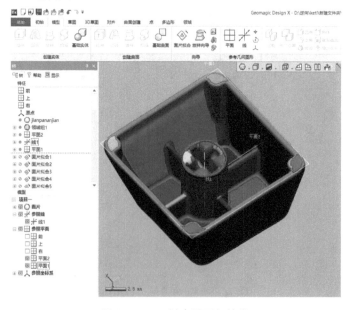

图 1-2-5　创建平面与轴线

②单击"对齐"→"手动对齐"按钮,再单击下一步即可,选择之前做的平面与线,如图1-2-6所示。

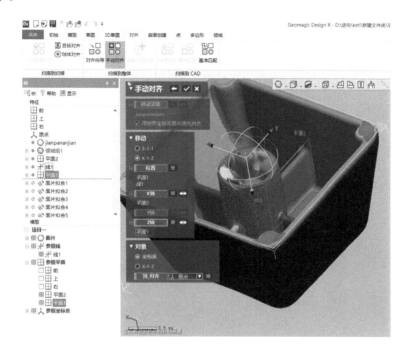

图 1-2-6　手动对齐

注意:1. 面一采用"追加参考平面"→"选择多个点"的方式。

2. 面二采用"追加参考平面"→"平均"的方式。

3. 线一采用"追加参考线"→"检索圆柱轴"的方式。

4. 移动:选择对齐方式,这里选择为 X-Y-Z 即可。

①位置:即原点位置,这里选择一个面和一条线,面线交点即为原点。

②X 轴:选择面即 X 轴垂直该面,选择线即 X 轴沿线方向,正反方向可以调节。

③Y 轴:选择面即 Y 轴垂直该面,选择线即 Y 轴沿线方向,正反方向可以调节。

④Z 轴:选择面即 Z 轴垂直该面,选择线即 Z 轴沿线方向,正反方向可以调节。

5. 对象:选择为坐标系即可。

1.2.3　构建模型

1. 创建外部自由曲面

①单击"模型"→"面片拟合"按钮,进入"面片拟合"命令,分别单击所需创建的领域组,并根据需要设置相对应的参数,单击"确定"按钮即可,将键盘按钮外部的各个曲面创建出来。如图1-2-7、图 1-2-8、图 1-2-9、图 1-2-10 所示。

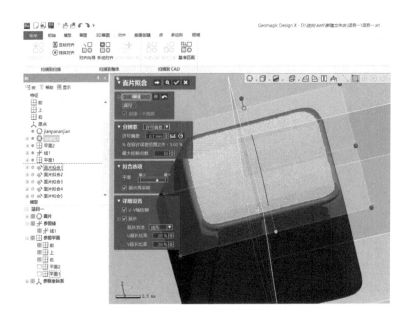

图 1-2-7　面片拟合

图 1-2-8 中:

领域:选择需要拟合的领域。

分辨率:可选择"许可偏差"也可选择"控制点数",该选项为了控制拟合精度。

拟合选项平滑:平滑程度越小,越贴合领域的特征,但可能造成拟合的面片粗糙甚至出现褶皱,所以该选项要调节到适中状态。

详细设置延长:勾选延长选项,选择延长比例,比例越高,延长的范围越大,延长方式也可以选择。

图 1-2-8　面片拟合参数设置

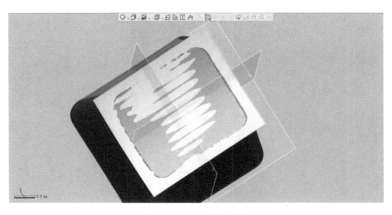

图1-2-9　拟合面片

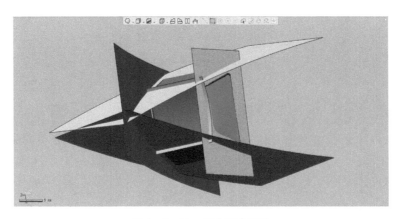

图1-2-10　拟合剩余面片

②单击"模型"→"曲面剪切"按钮将五个曲面互相剪切，剪切效果如图1-2-11、图1-2-12、图1-2-13所示。

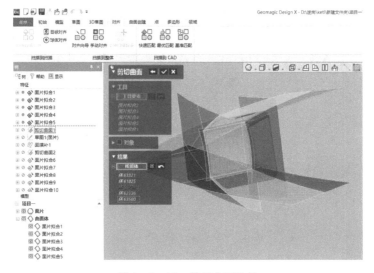

图1-2-11　剪切曲面选择

图 1-2-12　剪切曲面

图 1-2-12 中：

工具：选择参与剪切的所有片体

残留体：软件计算后，将所有片体进行分割，选择需要保留的分割后的片体。

注意："对象"选项勾选后，工具要素的片体将不参与剪切，只作为工具，对象要素的片体参与分割，残留体选择规则不变。

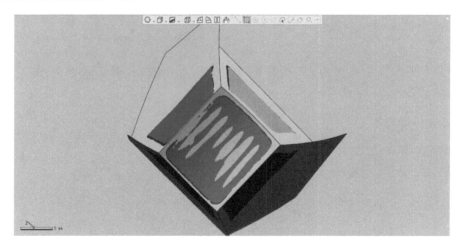

图 1-2-13　剪切完成

2. 依据草图绘制曲面

单击"草图"→"面片草图"按钮，基准平面选择为"前"，单击"确定"，进入草图绘制界面，单击"矩形"按钮，绘制一个矩形，单击"确定"，单击"模型"→"面填补"按钮，边线选择为矩形的四个边，单击"确定"，如图 1-2-14、图 1-2-15、图 1-2-16、图 1-2-17、图 1-2-18、图 1-2-19所示。

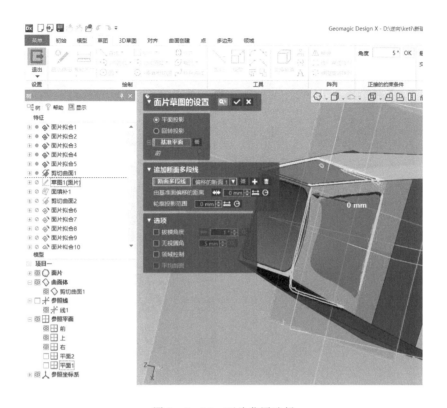

图 1-2-14 面片草图选择

图 1-2-15 面片草图的设置

图 1-2-15 中：

基准平面:选择剖切起始平面和草图最终放置平面。

由基准平面偏移的距离:偏移基准平面的距离,可以改变剖切的位置,但无法改变草图的最终放置平面。

轮廓投影范围:对于一些单剖切平面无法解决的情况,可以选择轮廓投影范围,该模式将选取轮廓范围内最大的内外沿轮廓。

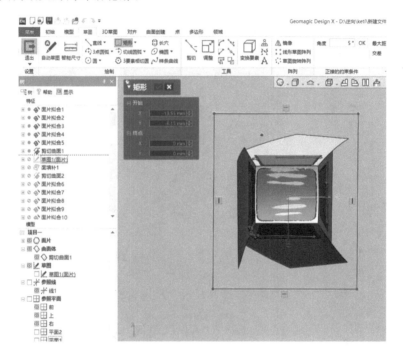

图 1-2-16　绘制草图

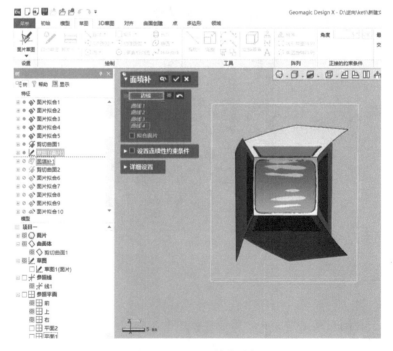

图 1-2-17　面填补选择

图 1 - 2 - 18 面填补设置

图 1 - 2 - 18 中:

面填补边线:选择填补的边线,所有边线必须组成一个封闭的区域,并且所有边线必须处在同一个平面内,否则将无法填补。

图 1 - 2 - 19 面填补结束

3. 剪切缝合片体

单击"模型"→"曲面剪切"按钮将其剪切并缝合为实体,剪切效果如图 1 - 2 - 20 所示。

图 1 - 2 - 20 剪切完成

4. 绘制内部曲面

①绘制内部结构,内部同样要先拟合出五个曲面,拟合方法和上述相同,然后再将草图重新填补出一个平面,对六个片体进行剪切。如图 1-2-21、图 1-2-22 所示。

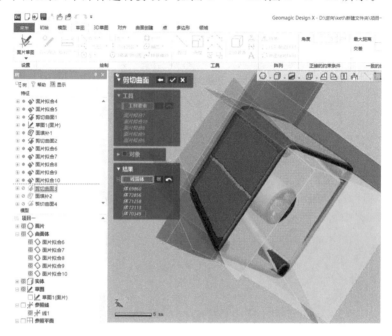

图 1-2-21　剪切曲面

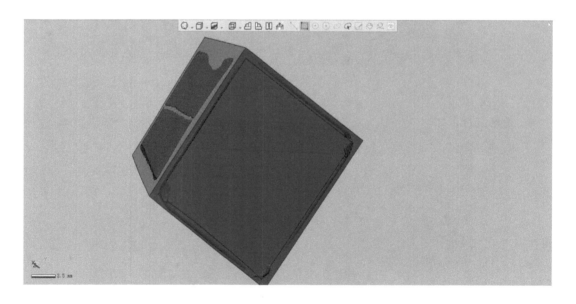

图 1-2-22　剪切完成

②单击"模型"→"布尔运算"按钮,选择操作方法为"切割",分别选择两个实体,将其切割,如图 1-2-23 所示。

图 1 - 2 - 23　切割实体

5. 绘制内部细节

①单击"面片草图"按钮,基准平面选择"前",偏移距离选择为 6.5 mm,单击确定进入草图绘制界面,绘制草图。单击"直线"按钮绘制直线,单击"调整"按钮将直线延长,再单击"剪切"按钮将过长的直线剪切,单击"确定"按钮,单击"拉伸"按钮将其拉伸,修剪多余部分,如图 1 - 2 - 24、图 1 - 2 - 25、图 1 - 2 - 26、图 1 - 2 - 27、图 1 - 2 - 28、图 1 - 2 - 29 所示。

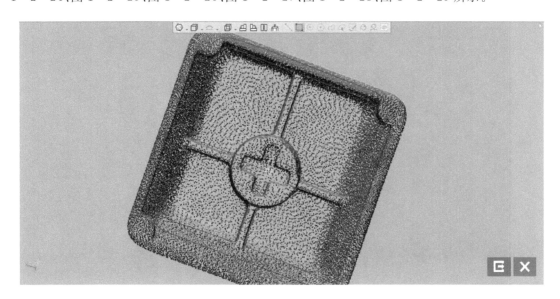

图 1 - 2 - 24　进入草图命令

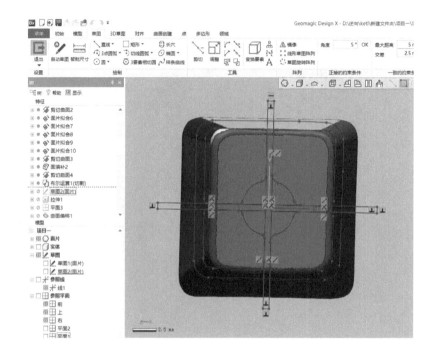

图 1-2-25 绘制草图

图 1-2-26 拉伸草图

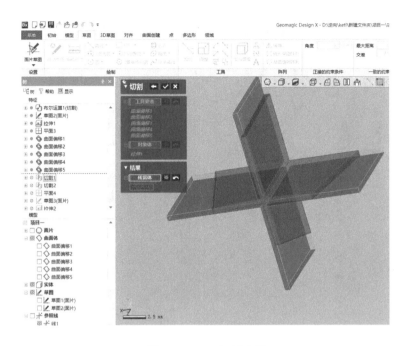

图 1 - 2 - 27　切割选择

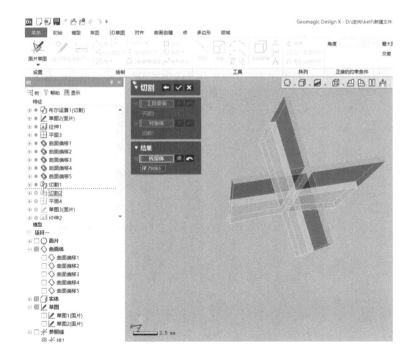

图 1 - 2 - 28　切割多余部分

图 1-2-29　完成切割

②单击"平面"按钮，选择多个点创建"平面"，单击"草图"基准面为创建的平面，偏置距离为 4 mm，单击"确定"进入草图绘制界面，单击"圆"按钮，完成草图后进行拉伸，如图 1-2-30、图 1-2-31、图 1-2-32 所示。

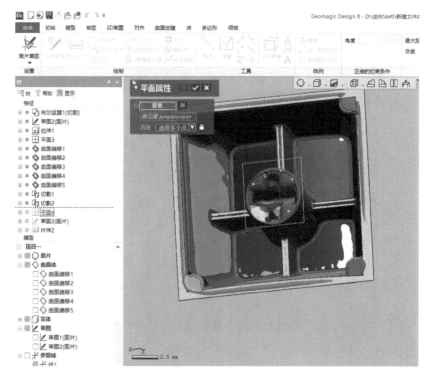

图 1-2-30　追加平面命令

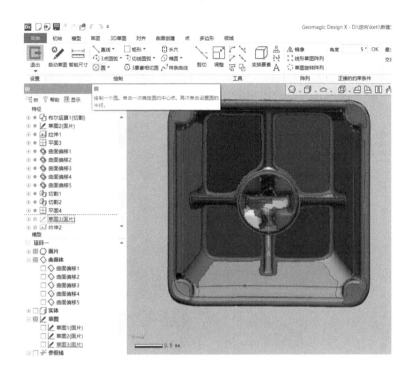

图 1-2-31　绘制草图

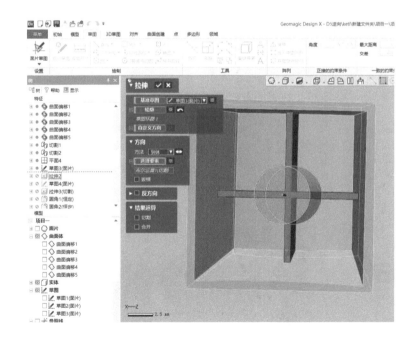

图 1-2-32　拉伸草图

③再次绘制草图,偏置距离为 0.5 mm,绘制草图后拉伸,拉伸方法选择:"到领域平均距离值",布尔运算为剪切,如图 1-2-33、图 1-2-34、图 1-2-35、图 1-2-36 所示。

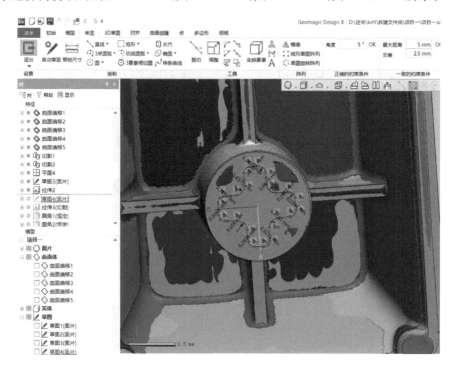

图 1-2-33　绘制草图

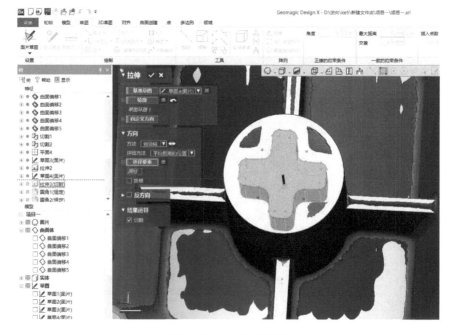

图 1-2-34　拉伸草图

图 1 - 2 - 35　拉伸设置界面

图 1 - 2 - 35 中：

基准草图:选择要进行拉伸的草图。

轮廓:有些草图将有多个不同的封闭区域,在轮廓选项中可以选择需要的封闭区域,对于不想要的区域,不做选择。

方向:方法为:到领域,下面的要素选择为"领域",有些领域对于基准草图平面来说有 Z 向高度,所以要选择详细方法,这里选择为平均位置距离。

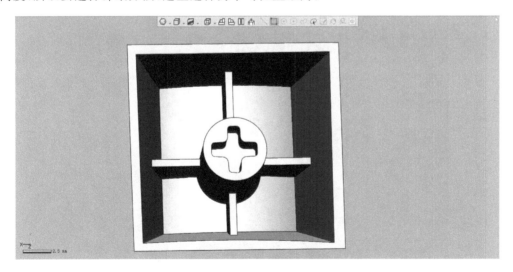

图 1 - 2 - 36　拉伸完成

6. 倒外侧圆角

单击"模型"→"圆角"按钮,根据大小来倒圆角,可以单击"偏差"来查看圆角的大小偏差,也可以由软件估算,如图 1 - 2 - 37 所示。

图 1-2-37 倒外侧圆角

7. 绘制底部四个圆柱

单击"模型"→"基础实体",选择所需领域,提取形状为圆柱,剩余的同上,单击"曲面偏移"按钮,偏移距离为 0,提取出周围曲面,单击"剪切实体"按钮,剪切掉多余的部分,如图 1-2-38、图 1-2-39、图 1-2-40、图 1-2-41、图 1-2-42、图 1-2-43 所示。

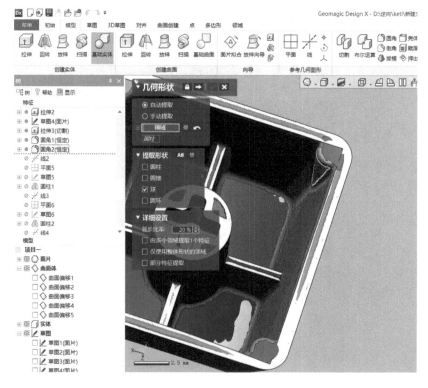

图 1-2-38 几何形状选择

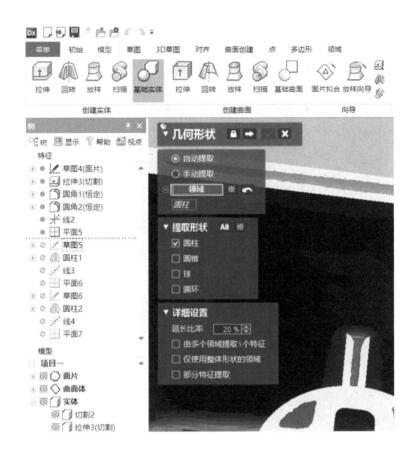

图 1-2-39 几何形状创建界面设置

图 1-2-39 中:

领域:选择提取需要的领域,如没有合适的领域,可以进行手动分割。

提取形状:选择想要创建出的实体形状,这里选择为圆柱。

延长比率:将创建出的实体进行延长,该选项不建议延长比率过大,否则创建的实体将不准确。

自动实体创建系统会自动创建出平面草图,双击左侧树中的该圆柱的草图,将圆柱拉伸长度变大,满足逆向需求。

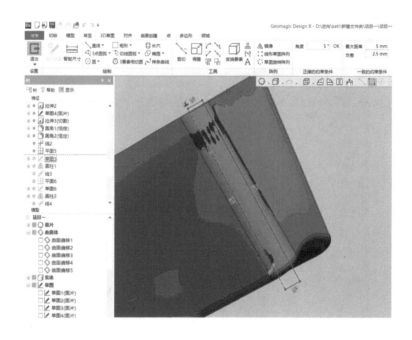

图 1-2-40　改变草图

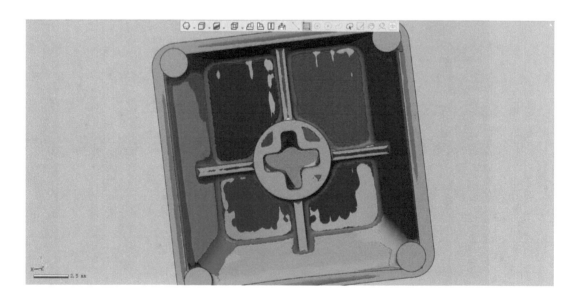

图 1-2-41　草图改变完成

图 1-2-42 曲面偏移设置

图 1-2-42 中：

面：选择需要进行偏移处理的面片也可以选择实体的面。

偏移距离：选择适当和需要的距离，也可以在此处测量和改变方向。

详细设置：勾选删除原始面，将只保留偏移后的面片，不勾选将保留原始面。

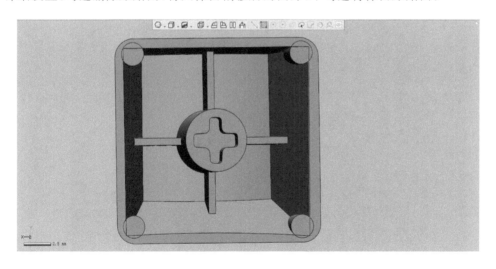

图 1-2-43 切割实体

8. 创建剩余圆角

将剩余圆角全部倒出，先点击"模型"→"布尔运算"按钮来将所有实体合并为一个实体，如图 1-2-44 所示。

图 1-2-44　合成一个实体并倒圆角

1.3　分析和文件输出

1.3.1　偏差对比分析

1. 偏差分析

建模完成后,选中"体偏差"单击按钮即可查看色彩偏差图,将鼠标指针放在工件上即可查看到偏差数值,如图 1-3-1 所示。

图 1-3-1　色彩偏差图

2. 表面对比

建模完成后,选中"环境写像"单击按钮来查看对比表面是否符合要求,表面有无褶皱和缝隙等错误地方,如图 1-3-2 所示。

图 1-3-2　环境写像图

1.3.2　文件输出

将建模完成后的实体输出为 STP 格式或选择所需的格式,选择"文件"→"输出",选择输出要素为视图下的实体,如图 1-3-3 所示(本书所有文件输出都适用本方式,后续文章将不再重复)。

图 1-3-3　选择输出

单击"确定"按钮即可,选择所保存的文件路径,如图1-3-4所示。

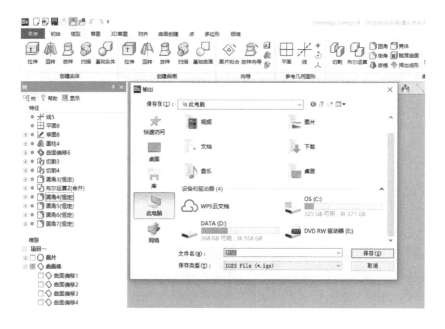

图1-3-4　选择保存路径

选择文件保存类型,如图1-3-5所示。

图1-3-5　选择保存类型

项目二　弹头模型重构

2.1　点云数据的处理

2.1.1　点云的导入

将点云数据"弹头模型.stl"文件直接拖入软件中,或点击"初始"→"导入",找到所需文件导入,如图2-1-1、图2-1-2所示。

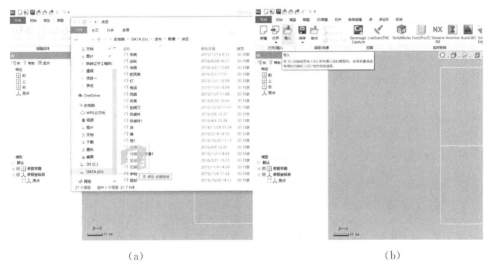

　　　　　　(a)　　　　　　　　　　　　　　　　　　(b)

图2-1-1　打开文件,选择目录

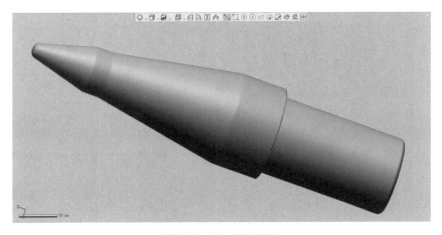

图2-1-2　弹头模型

2.1.2 三角网格面片修补

选择左侧特征树下的三角面片，双击进入"面片"模型，对三角面片进行修补，单击并使用"修补精灵"命令，进行整体修补，去除杂乱的面片，如图 2-1-3 所示。

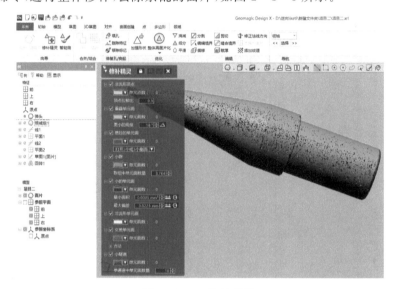

图 2-1-3 修补精灵

注意：对于特别杂乱和表面质量不好的面片，可以点击"优质面片转化"来将面片转化成优质面片，如之后依然不能满足逆向条件，必须转入其他软件进行前处理，否则逆向的误差将不能满足需求。

2.1.3 数据保存

选择"菜单"→"文件"→"输出"命令，单独输出文件，选择所需的文件输出即可，如图 2-1-4所示。

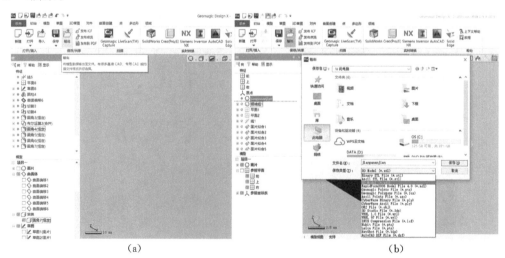

(a)　　　　　　　　　　　　　(b)

图 2-1-4 输出文件

2.2　创建模型特征

2.2.1　领域组的划分

（1）自动分割　单击进入"领域"模块，点击"自动分割"按钮，将"敏感度"设置为"20"，"面片的粗糙度"设置为中间位置，最后单击"确定"按钮即可，如图2-2-1所示。

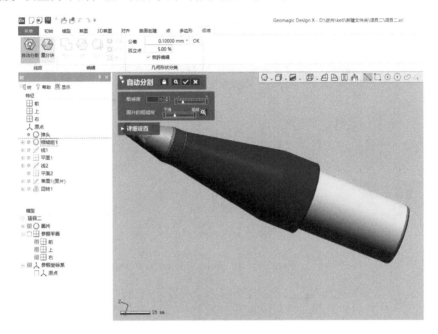

图2-2-1　自动分割

（2）重分块　如果自动分割领域组后的数据分区不能满足后期建模的要求，需要对分区后的数据进行重新分割。

（3）分离　对划分的区域进行自定义划分，单击"分离"命令，选择左下角的"画笔选择模式"，对所不满意的领域组进行划分即可。

注意：调节画笔圆形的大小时可按住＜Alt＞键并拖动鼠标左键即可。

（4）合并　选择两个领域组，单击"合并"按钮，即可将两个领域组合并成为一个领域组。

（5）扩大和缩小　选择所选中的领域组，单击"扩大"按钮，即可将选中的领域组范围扩大，相反，"缩小"按钮可将所选中的领域组范围缩小。

2.2.2　对齐坐标系

创建对齐所需要素如下：

点击"模型"→"平面"创建"平面一"、点击"模型"→"线"创建"线一"，单击"对齐"→"手动对齐"如图2-2-2、图2-2-3、图2-2-4、图2-2-5、图2-2-6、图2-2-7、图2-2-8所示。

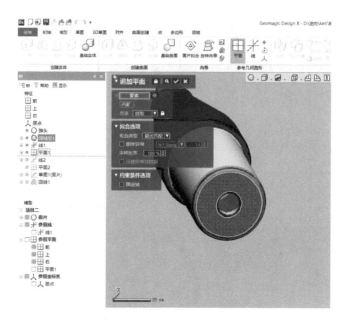

图 2-2-2　创建平面

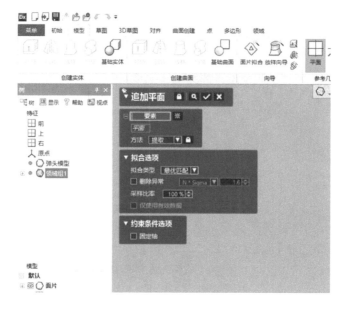

图 2-2-3　追加平面设置

图 2-2-3 中：

要素:选择追加平面依据的领域或者是平面。

拟合类型和采样比率:依照默认值即可,但一些特殊情况如领域划分过大,表面粗糙度过大时可以改变它的数值来满足需要。

约束条件:一般不做勾选。

方法:选项有很多,这里选择为提取。

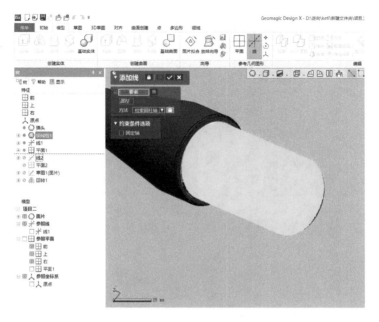

图 2-2-4　创建线

图 2-2-5　创建线设置

图 2-2-5 中：

要素:选择追加线依据的领域或者是线。

方法:选择为检索圆柱轴。

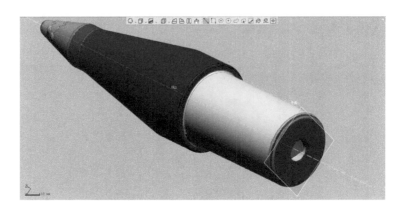

图 2-2-6　平面、线创建完成

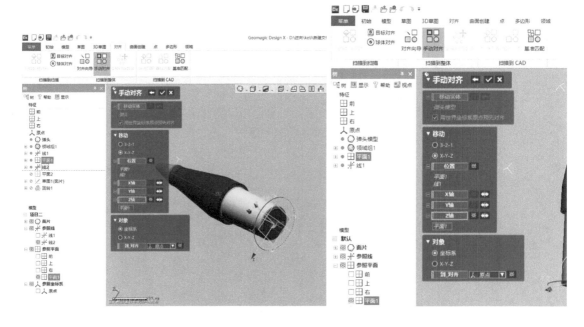

图 2-2-7　手动对齐　　　　　　　图 2-2-8　手动对齐设置

　　手动对齐的方法上一章已经讲到了,这里需要提及的是 X、Y 轴都不需要选择要素,因为该模型是回转件,但对于一些有细节特征的回转件,X、Y 轴同样需要选择要素,视具体情况而定。

2.2.3　构建模型

1. 创建回转实体

　　单击"模型"→"回转精灵"按钮,进入命令,选择所有的领域组,如图 2-2-9、图 2-2-10、图 2-2-11、图 2-2-12、图 2-2-13 所示。

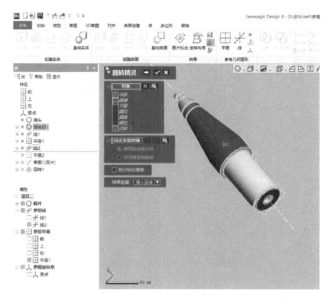

图 2 - 2 - 9　回转精灵

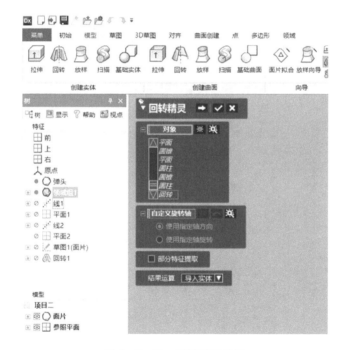

图 2 - 2 - 10　回转精灵设置

图 2 - 2 - 10 中：

对象：对象选择时要将所需的所有领域选择进来。

自定义旋转轴：该选项默认是关闭的，关闭时软件将根据所选领域自动计算旋转轴，也可以自己提取旋转轴，然后使用指定轴旋转。

结果运算：根据需要选择实体还是片体，这里选择为导入实体。

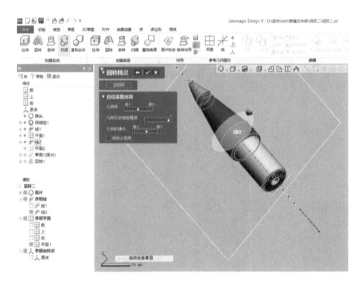

图 2-2-11　回转选项

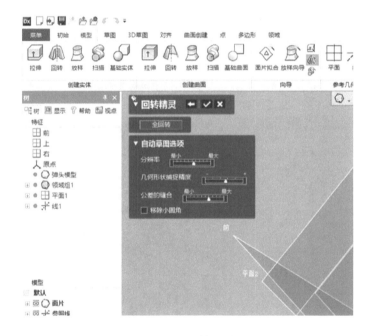

图 2-2-12　回转选项设置

图 2-2-12 中：

分辨率：分辨率越大，草图绘制的越贴近实际情况，但是会造成草图线段过多最终造成回转出的实体表面不光顺。所以要根据需求选择合适的分辨率。

几何形状捕捉精度：对于草图中的固有几何形状，可以调节捕捉精度来决定其是否识别该几何形状来自动绘制。

公差的缝合：对于一些复杂草图线段可以调节公差缝合，来进行简化。

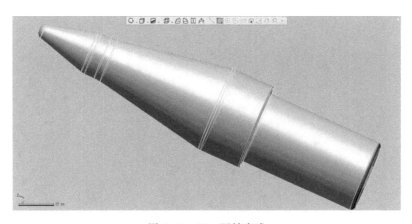

图 2-2-13 回转完成

2. 回转细节调整

回转精灵会自动创建出平面和所需草图,但一般创建出的草图不会满足实际的需求,可以再点击"草图1",将草图进行修改,把错误的不精确的拐角处进行修改,如图 2-2-14、图 2-2-15、图 2-2-16、图 2-2-17、图 2-2-18、图 2-2-19、图 2-2-20、图 2-2-21、图 2-2-22 所示。

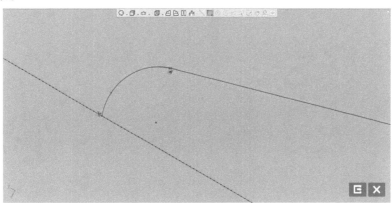

图 2-2-14 修改草图(一)

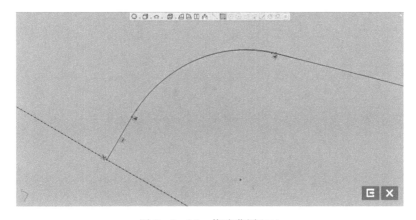

图 2-2-15 修改草图(二)

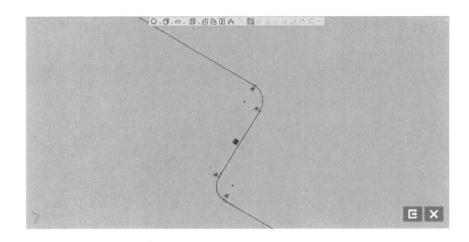

图 2-2-16　修改草图(三)

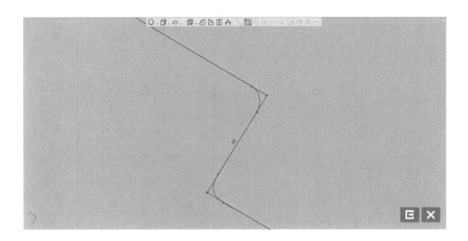

图 2-2-17　修改草图(四)

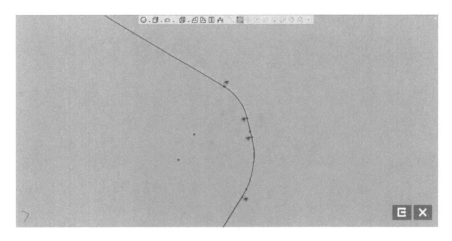

图 2-2-18　修改草图(五)

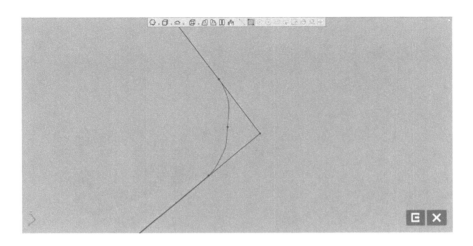

图 2-2-19　修改草图(六)

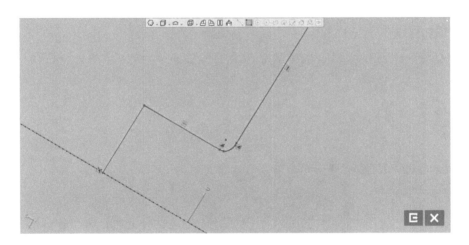

图 2-2-20　修改草图(七)

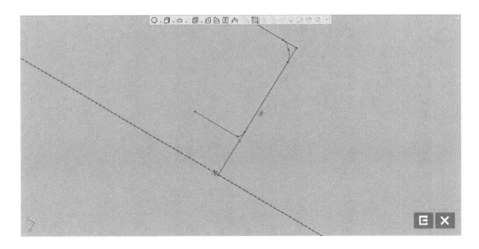

图 2-2-21　修改草图(八)

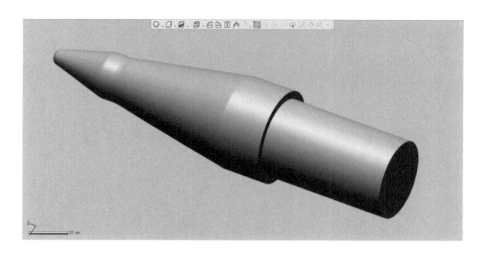

图 2-2-22　完成修改

3. 底部孔创建

单击"草图"→"面片草图",选择基准面为实体的底面,绘制草图进行拉伸求差,如图 2-2-23、图 2-2-24、图 2-2-25、图 2-2-26 所示。

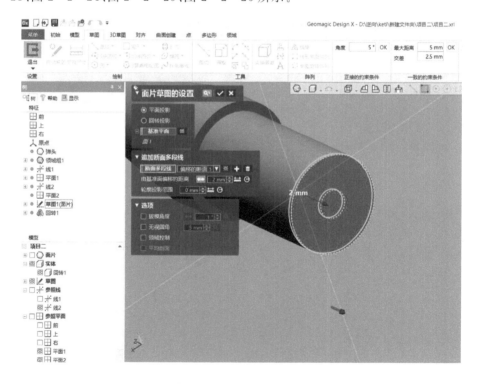

图 2-2-23　面片草图选择

注意:这里的基准面要选择实体的底面,而不要去选择领域,否则可能出现后期逆向造型的失败。

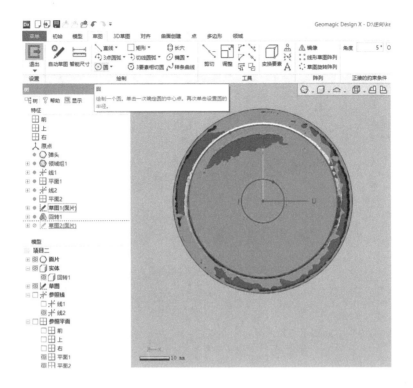

图 2 - 2 - 24　绘制草图

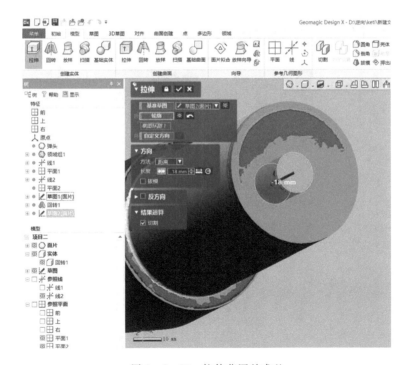

图 2 - 2 - 25　拉伸草图并求差

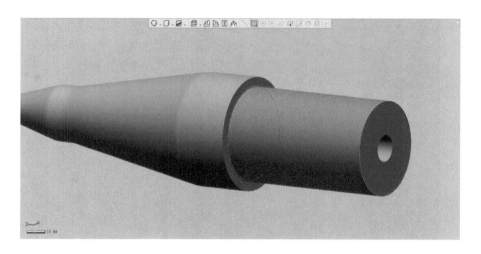

图 2 - 2 - 26　完成创建

4. 倒圆角

倒出剩余所有圆角,如图 2 - 2 - 27、图 2 - 2 - 28、图 2 - 2 - 29 所示。

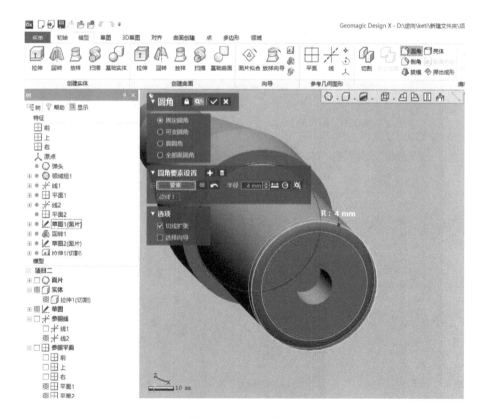

图 2 - 2 - 27　倒圆角

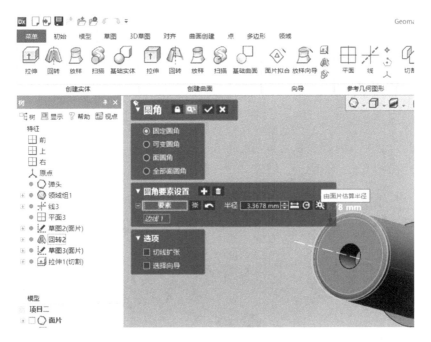

图 2-2-28 圆角要素设置

图 2-2-28 中:

固定圆角:选择边线来进行倒圆角处理。

可变圆角:同样是选择边线,但是各处的圆角数值可以进行不一样的改变,从而满足逆向的需求。

面圆角:选择一个平面或曲面,将面的所有边线进行倒圆角处理。

全部面圆角:将实体的所有边都进行倒圆角处理。

要素:根据上面的选项来具体选择边线或者曲面。

估算半径或测量手动输入半径值,估算的半径值不会特别准确,可以根据工件的用途和类型来改变半径值。

切线扩张:选择一条边线后软件会自动衍生附近边线的半径。

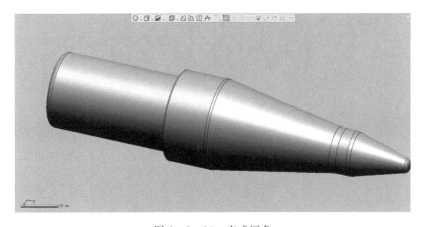

图 2-2-29 完成圆角

2.3 分析和文件输出

◎ 2.3.1 偏差对比分析

1. 偏差分析

建模完成后,选中"体偏差"单击按钮即可查看色彩偏差图,将鼠标指针放在工件上即可查看到偏差数值,如图 2-3-1 所示。

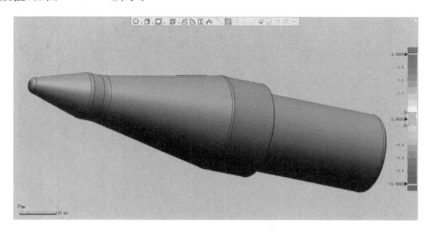

图 2-3-1 偏差色彩图

2. 表面对比

建模完成后,选中"环境写像"单击按钮来查看对比表面是否符合要求,表面有无褶皱和缝隙等错误地方,如图 2-3-2 所示。

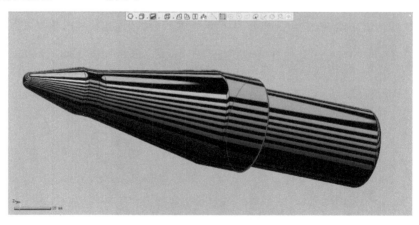

图 2-3-2 环境写像

◎ 2.3.2 文件的输出

具体参照项目一文件输出。

2.3.3　拉伸应用方法与技巧

1. 拉伸的方法

（1）距离　通过输入具体数值来确定拉伸的长短，可以通过图纸或者测量来获得数值，也可以在过长拉伸时采用此方法，如图 2-3-3 所示。

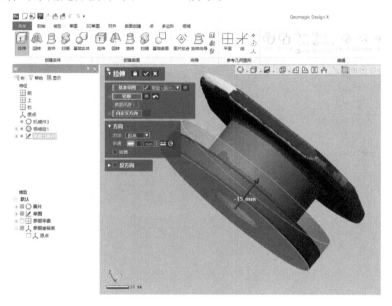

图 2-3-3　拉伸距离法

（2）通过　系统会自动运算附近实体，将拉伸结果通过实体却不超过实体，如图 2-3-4 所示。

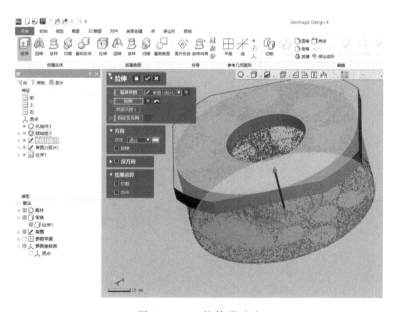

图 2-3-4　拉伸通过法

（3）到顶点　选择要素选择为点，这种方法要提前插入点或者选择实体的顶点，将拉伸位置定到该点处，如图2-3-5所示。

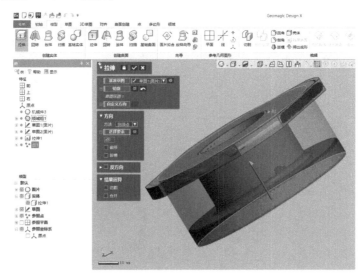

图2-3-5　拉伸到顶点法

（4）到领域　这种方法有四种：

①用领域拟合的曲面剪切：拉伸的终止面，是用所选领域的拟合面片进行剪切得来的，一般在终止面为曲面的时候使用；

②最大距离的位置：所选领域相对于拉伸草图所处平面有Z向高度，最大距离就是在领域中选取离草图平面距离最远的点所处的和草图平面平行的平面来作为拉伸终止时的平面；

③平均距离的位置：同理。

④最小距离的位置：同理。

如图2-3-6所示。

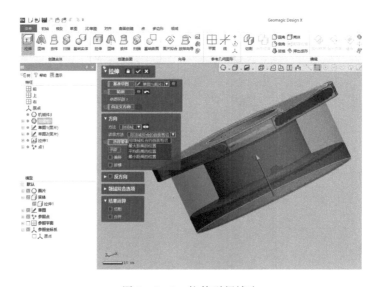

图2-3-6　拉伸到领域法

（5）到曲面　选择要素为曲面，拉伸终止面为该曲面，同时依据该曲面对拉伸实体剪切从而符合曲面结构，如图 2-3-7 所示。

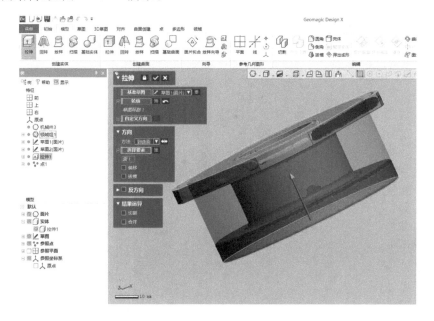

图 2-3-7　拉伸到曲面法

（6）到体　选择要素为实体，需要注意的是选择这种方法草图平面必须在实体中，拉伸终止面在体距离草图平面最远距离处，两侧方向可以改变，如图 2-3-8 所示。

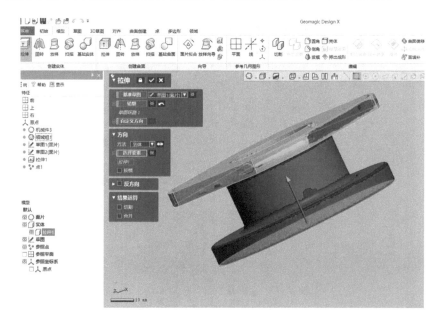

图 2-3-8　拉伸到体法

（7）平面中心对称　以草图平面为中心向两侧拉伸，拉伸终止面由距离控制，距离数值手动填写，如图2-3-9所示。

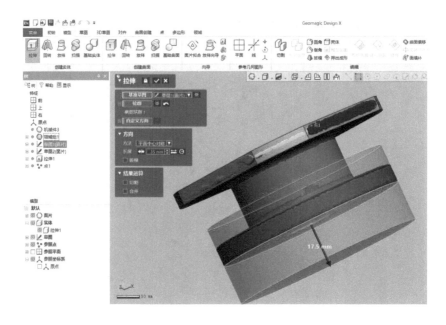

图2-3-9　拉伸平面中心对称法

2.拉伸其他选项

（1）拔模　确定拔模角度，可以决定拉伸终止面的大小和倾斜角度，如图2-3-10所示。

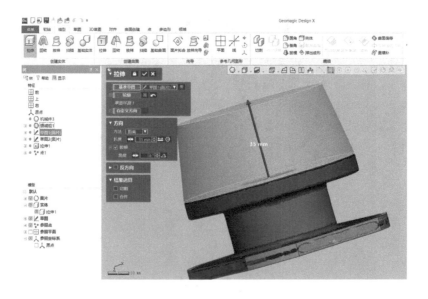

图2-3-10　拔模

（2）反方向　在拉伸方向的反方向再次进行拉伸，所有拉伸的方法和具体选项和正面拉伸相同，如图2-3-11所示。

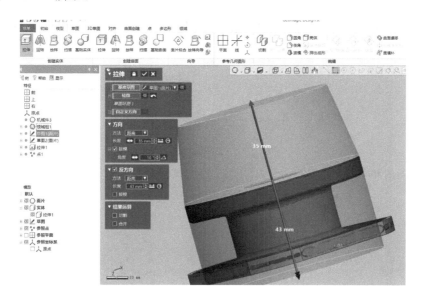

图2-3-11　反方向进行拉伸

（3）结果运算　这里可以进行布尔运算，可以选择切割还是合并。

项目三　肥皂盒1模型重构

3.1　点云数据的处理

3.1.1　点云的导入

将点云数据"肥皂盒1模型.stl"文件直接拖入软件中,或点击"初始"→"导入",找到所需文件导入,如图3-1-1、图3-1-2所示。

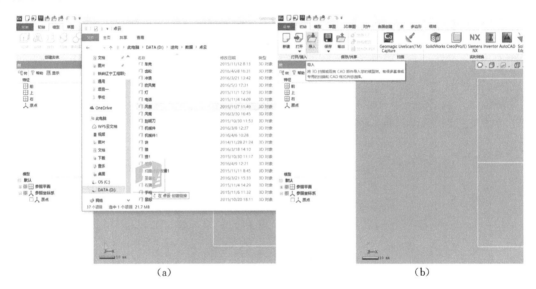

（a）　　　　　　　　　　　　　　　　　　（b）

图3-1-1　打开文件,选择目录

图3-1-2　肥皂盒1模型

3.1.2　三角网格面片修补

选择左侧特征树下的三角面片，双击进入"面片"模型，对三角面片进行修补，单击并使用"修补精灵"命令，进行整体修补，去除杂乱的面片，如图 3-1-3 所示。

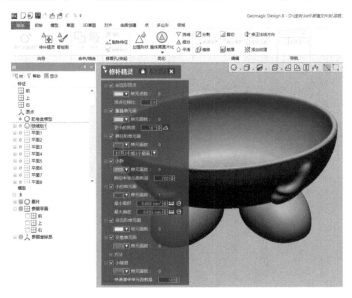

图 3-1-3　修补精灵

注意：对于特别杂乱和表面质量不好的面片，可以点击"优质面片转化"来将面片转化成优质面片，如之后依然不能满足逆向条件，必须转入其他软件进行前处理，否则逆向的误差将不能满足需求。

3.1.3　数据保存

选择"菜单"→"文件"→"输出"命令，单独输出文件，选择所需的文件输出即可，如图 3-1-4 所示。

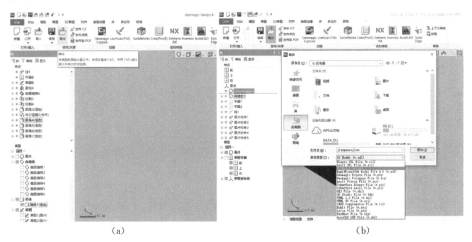

(a)　　　　　　　　　　　　　(b)

图 3-1-4　输出文件

3.2　创建模型特征

3.2.1　领域组的划分

（1）自动分割　单击进入"领域"模块，点击"自动分割"按钮，将"敏感度"设置为"35"，"面片的粗糙度"设置为中间位置，最后单击"确定"按钮即可，如图 3-2-1 所示。

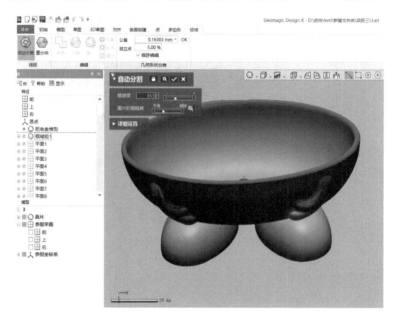

图 3-2-1　领域分割

（2）重分块　如果自动分割领域组后的数据分区不能满足后期建模的要求，需要对分区后的数据进行重新分割。

（3）分离　对划分的区域进行自定义划分，单击"分离"命令，选择左下角的"画笔选择模式"，对所不满意的领域组进行划分即可。

注意：调节画笔圆形的大小时可按住<Alt>键并拖动鼠标左键即可。

（4）合并　选择两个领域组，单击"合并"按钮，即可将两个领域组合并成为一个领域组。

（5）扩大和缩小　选择所选中的领域组，单击"扩大"按钮，即可将选中的领域组范围扩大，相反，"缩小"按钮可将所选中的领域组范围缩小。

3.2.2　对齐坐标系

1.　创建基准面

单击"模型"→"平面"按钮，选择分割好的领域组，分别创建平面一，平面二，线一，如图 3-2-2所示。

图 3 - 2 - 2　创建平面、线

2. 对齐坐标系

单击"对齐"→"手动对齐"按钮，再单击下一步即可，选择之前创建的平面与线，如图
3 - 2 - 3所示。

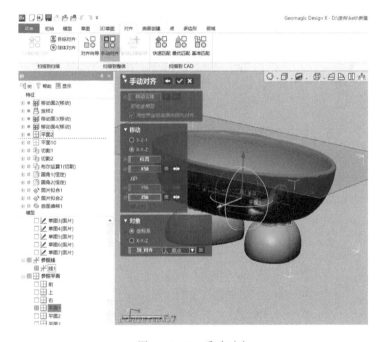

图 3 - 2 - 3　手动对齐

3.2.3　构建模型

1. 放样曲面

①单击"模型"→"平面"按钮，进入"追加平面"命令，选择多个点方式创建"平面二"，再按
住 Ctrl 键鼠标点击"平面二"拖拽将其复制为多个平面，如图 3 - 2 - 4、图 3 - 2 - 5、图 3 - 2 - 6
所示。

图 3 - 2 - 4　创建平面

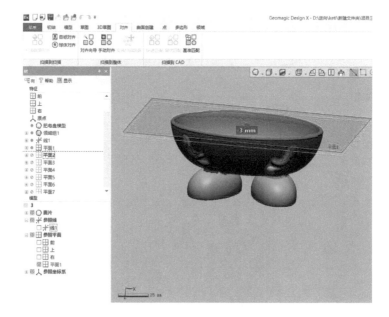

图 3 - 2 - 5　追加平面(一)

图 3 - 2 - 6　追加平面(二)

②再点击"草图"→"面片草图"分别以这些草图为基准平面创建草图,绘制草图如图 3 - 2 - 7、图 3 - 2 - 8、图 3 - 2 - 9、图 3 - 2 - 10、图 3 - 2 - 11 所示。

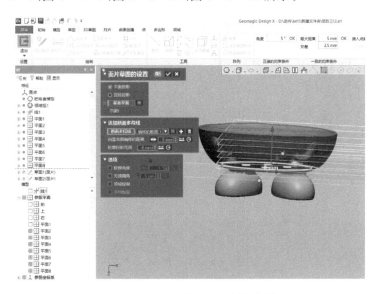

图 3 - 2 - 7　以基准平面创建草图

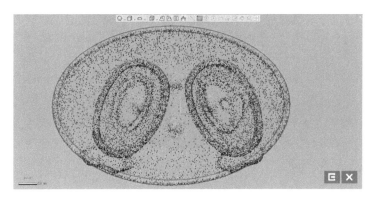

图 3 - 2 - 8　绘制草图(一)

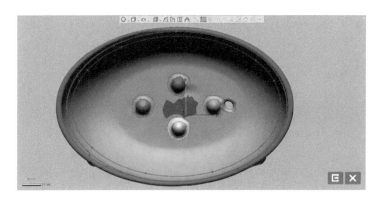

图 3 - 2 - 9　绘制草图(二)

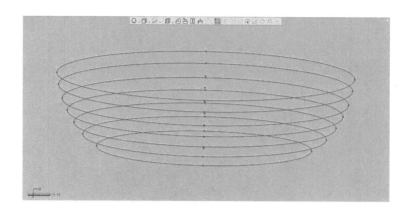

图 3 - 2 - 10 绘制草图(三)

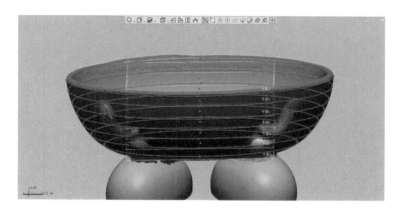

图 3 - 2 - 11 绘制草图(四)

③再点击"创建实体"→"放样"按钮,完成实体放样,如图 3 - 2 - 12、图 3 - 2 - 13、图 3 - 2 - 14、图 3 - 2 - 15所示。

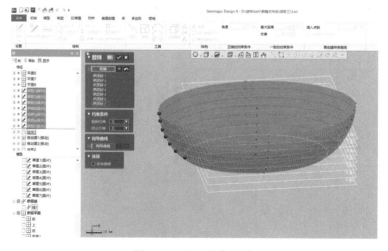

图 3 - 2 - 12 实体放样

图 3-2-13 中：

轮廓：选择需要用到的所有草图。

约束条件：在以曲面边线放样时可采用约束条件，可以选择具体方式，在这里不需要设定约束条件。

向导曲线：在放样曲线不是封闭曲线时会采用向导曲线，但向导曲线必须和所有放样曲线相交。

注意：放样调节时，所有的点要尽量在一条直线上，这样可以保证放样出的实体表面光滑，如不能调节，要将草图转化为样条曲线。

图 3-2-13　放样设置

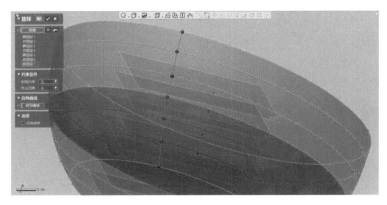

图 3-2-14　点尽量在一条直线上

图 3-2-15　构建实体

2. 剪切实体并抽壳

①单击"模型"→"移动面",选择距离,之后用"平面一"完成剪切,如图 3 - 2 - 16、图 3 - 2 - 17、图 3 - 2 - 18、图 3 - 2 - 19 所示。

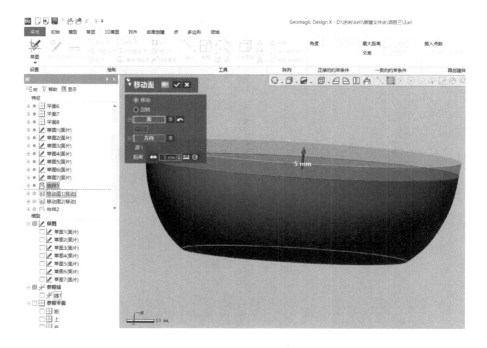

图 3 - 2 - 16　移动面

图 3 - 2 - 17　移动面设置

图 3 - 2 - 17 中:

移动面:选择实体需要移动的面,方向:所选择平面的垂直方向,距离:手动输入数值。

注意:当移动放样实体的面时,距离不宜过长,否则会导致出现褶皱和失败。

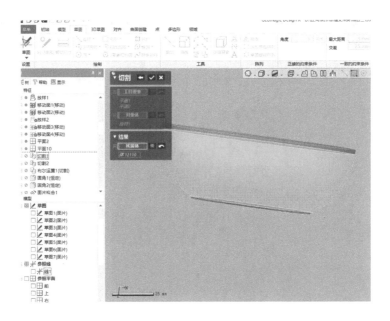

图 3 - 2 - 18　切割实体

图 3 - 2 - 19　切割设置

图 3 - 2 - 19 中：

工具要素：选择面片或平面。

对象体：选择实体。

残留体：分割后需要留下的实体部分。

注意：片体必须将实体完全切断才能进行切割，否则将不能切割成功。

②对底边进行倒圆角命令,再单击"壳体"命令,对实体进行抽壳,如图 3 - 2 - 20、图 3 - 2 - 21、3 - 2 - 22 所示。

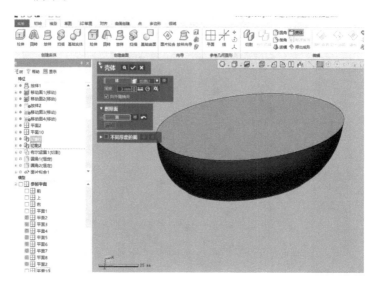

图 3 - 2 - 20　实体进行抽壳

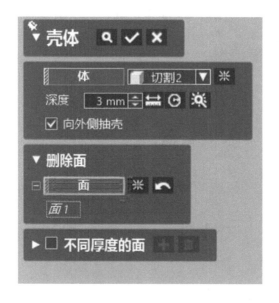

图 3 - 2 - 21　抽壳设置

图 3 - 2 - 21 中:

体:选择进行抽壳的实体。

删除面:选择实体上需要删除从而完成抽壳的面。

不同厚度的面:因一些特殊工件厚度不同,可以点击不同厚度的面来重新赋值厚度来满足需求。

图 3 - 2 - 22　抽壳完成

3. 面片拟合剪切

点击"模型"→"面片拟合",拟合出面片,结合"曲面偏移"得出的曲面面片对实体进行剪切,如图 3 - 2 - 23、图 3 - 2 - 24、图 3 - 2 - 25 所示。

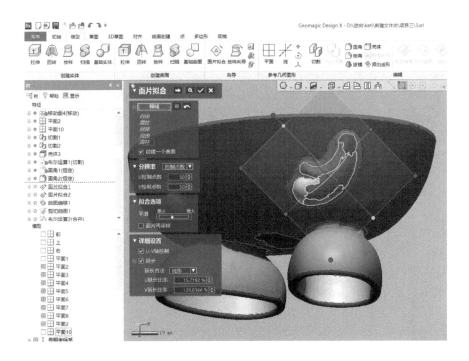

图 3 - 2 - 23　面片拟合

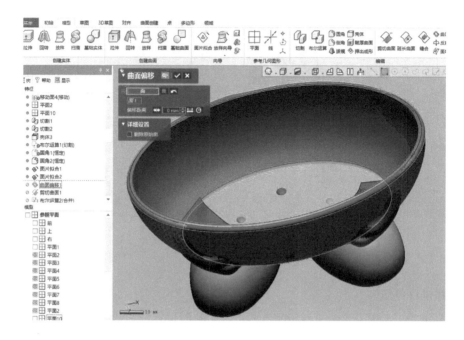

图 3 - 2 - 24　曲面偏移

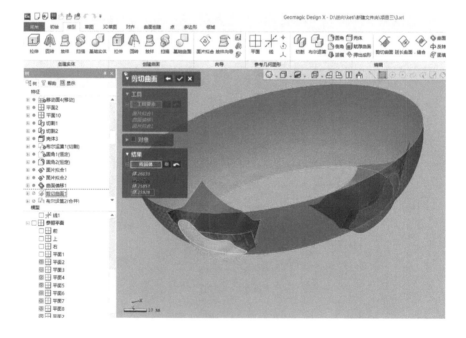

图 3 - 2 - 25　片体剪切

4. 底部实体放样

①按住 Ctrl 键鼠标点击"平面一"拖拽将其复制为多个平面,如图 3-2-26、图 3-2-27 所示。

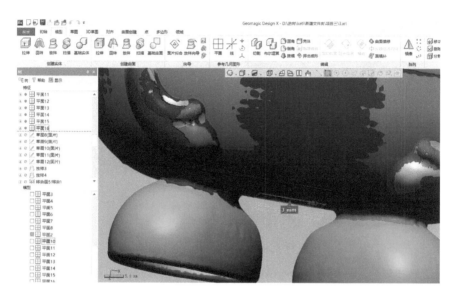

图 3-2-26　追加平面

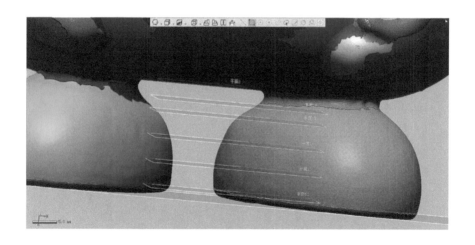

图 3-2-27　复制多个平面

②再点击"草图"→"面片草图"分别以这些草图为基准平面创建草图,绘制草图如图 3-2-28、图 3-2-29、图 3-2-30 所示。

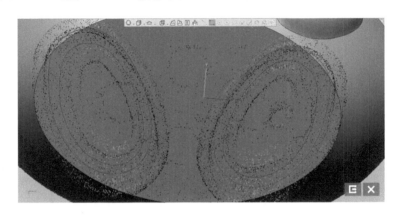

图 3-2-28　创建草图

注意:这些草图之间要有约束条件,保证之间的相切关系,否则放样出的实体会有褶皱。

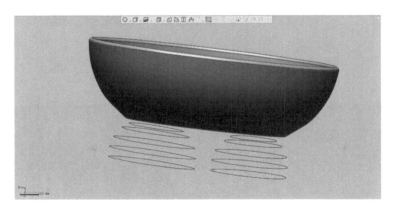

图 3-2-29　创建草图

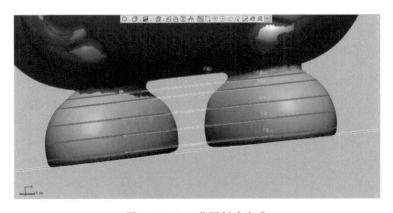

图 3-2-30　草图创建完成

③再点击"创建实体"→"放样"按钮,完成实体放样,第二个同理,如图3-2-31、图3-2-32所示。

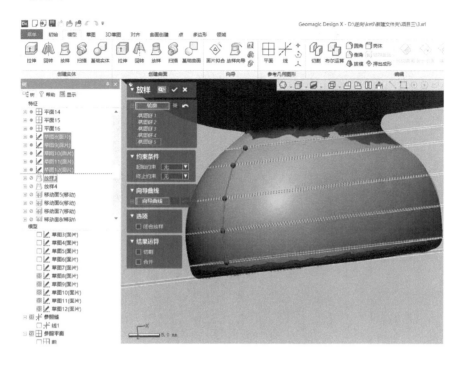

图3-2-31　放样实体

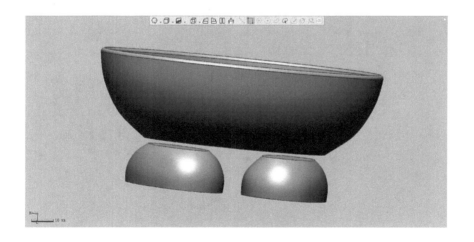

图3-2-32　实体放样完成

5. 底部实体剪切抽壳

①同理移动、创建面,用这些辅助平面对多余实体进行剪切,如图 3-2-33、图 3-2-34、图 3-2-35所示。

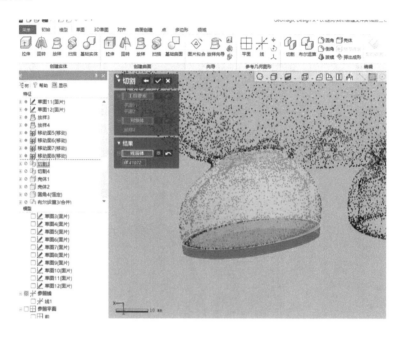

图 3-2-33 切割实体(一)

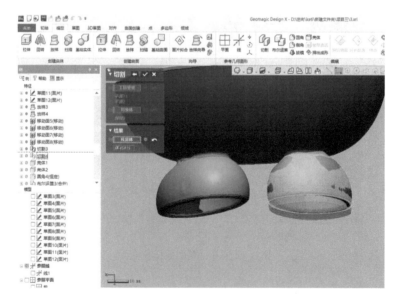

图 3-2-34 切割实体(二)

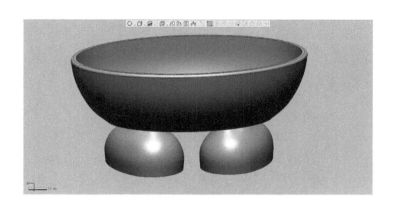

图 3 - 2 - 35　剪切多余实体完成

　　②点击"模型"→"平面"创建"平面16"，用其剪切实体，再进行抽壳处理，如图 3 - 2 - 36、图 3 - 2 - 37、图 3 - 2 - 38、图 3 - 2 - 39 所示。

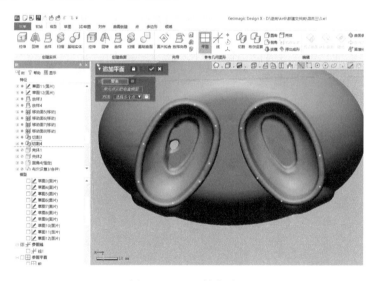

图 3 - 2 - 36　创建平面

图 3 - 2 - 37　平面创建完成

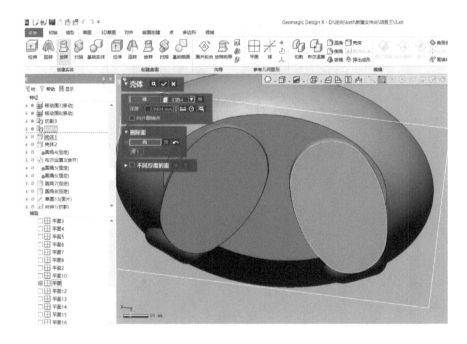

图 3 - 2 - 38　实体抽壳

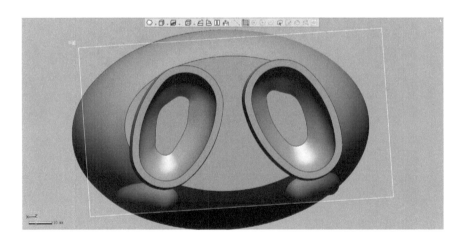

图 3 - 2 - 39　抽壳处理完成

6. 创建内部细节

①点击"模型"→"基础实体",选择为球,创建四个球体,如图 3-2-40、图 3-2-41 所示。

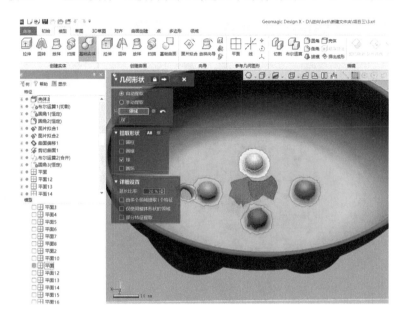

图 3-2-40　创建基础实体

图 3-2-41　创建四个球体

②创建草图,基础平面选择为"平面16",绘制出圆进行拉伸,布尔运算选择为剪切,如图
3-2-42、图3-2-43、图3-2-44、图3-2-45所示。

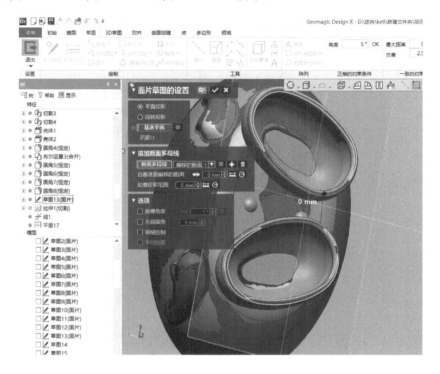

图 3-2-42　面片草图

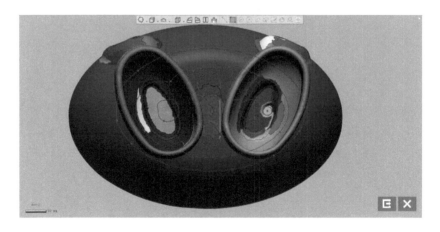

图 3-2-43　创建草图

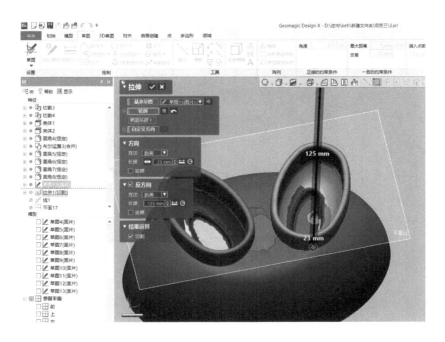

图 3 - 2 - 44 拉伸草图

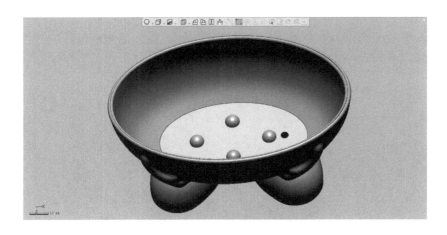

图 3 - 2 - 45 布尔运算剪切

③点击"模型"→"布尔运算"将整体求和,点击"圆角"倒出所有圆角。如图 3 - 2 - 46
所示。

图 3 - 2 - 46   整体求和、倒圆角

3.3   分析和文件输出

3.3.1   偏差对比分析

1. 偏差分析

建模完成后,选中"体偏差"单击按钮即可查看色彩偏差图,将鼠标指针放在工件上即可查
看到偏差数值,如图 3 - 3 - 1 所示。

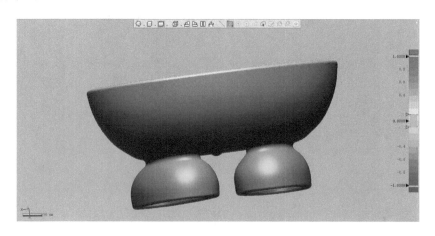

图 3 - 3 - 1   偏差色彩图

2. 表面对比

建模完成后,选中"环境写像"单击按钮来查看对比表面是否符合要求,表面有无褶皱和缝隙等错误地方,如图 3-3-2 所示。

图 3-3-2　环境写像对比

3.3.2　文件的输出

具体参照项目一文件的输出。

项目四 肥皂盒 2 模型重构

4.1 点云数据的处理

4.1.1 点云的导入

将点云数据"肥皂盒 2 模型.stl"文件直接拖入软件中,或点击"初始"→"导入",找到所需文件导入,如图 4-1-1、图 4-1-2 所示。

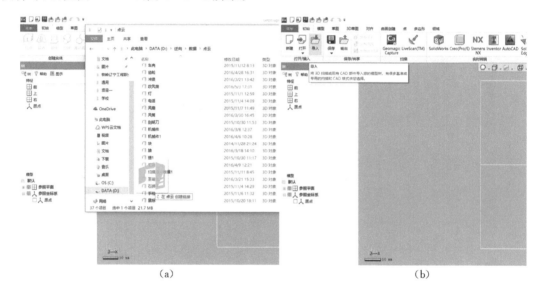

(a)   (b)

图 4-1-1 打开文件,选择目录

图 4-1-2 肥皂盒 2 模型

4.1.2　三角网格面片修补

选择左侧特征树下的三角面片,双击进入"面片"模型,对三角面片进行修补,单击并使用"修补精灵"命令,进行整体修补,去除杂乱的面片,如图 4-1-3 所示。

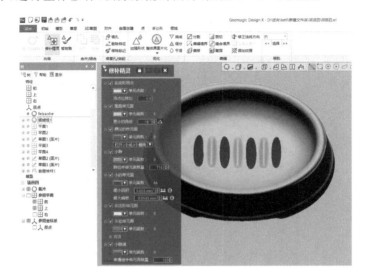

图 4-1-3　修补精灵

注意:对于特别杂乱和表面质量不好的面片,可以点击"优质面片转化"来将面片转化成优质面片,如之后依然不能满足逆向条件,必须转入其他软件进行前处理,否则逆向的误差将不能满足需求。

4.1.3　数据保存

选择"菜单"→"文件"→"输出"命令,单独输出文件,选择所需的文件输出即可,如图 4-1-4所示。

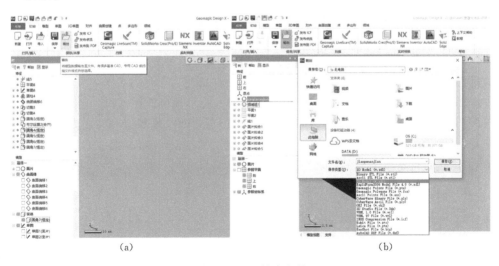

(a)　　　　　　　　　　　　　　　　(b)

图 4-1-4　输出文件

4.2　创建模型特征

4.2.1　领域组的划分

（1）自动分割　单击进入"领域"模块，点击"自动分割"按钮，将"敏感度"设置为"25"，"面片的粗糙度"设置为中间位置，最后单击"确定"按钮即可，如图 4-2-1 所示。

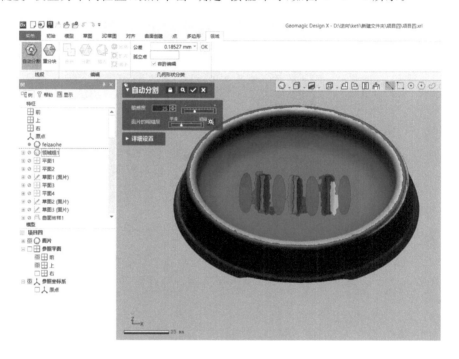

图 4-2-1　自动分割领域

（2）重分块　如果自动分割领域组后的数据分区不能满足后期建模的要求，需要对分区后的数据进行重新分割。

（3）分离　对划分的区域进行自定义划分，单击"分离"命令，选择左下角的"画笔选择模式"，对所不满意的领域组进行划分即可。

注意：调节画笔圆形的大小时可按住<Alt>键并拖动鼠标左键即可。

（4）合并　选择两个领域组，单击"合并"按钮，即可将两个领域组合并成为一个领域组。

（5）扩大和缩小　选择所选中的领域组，单击"扩大"按钮，即可将选中的领域组范围扩大，相反，"缩小"按钮可将所选中的领域组范围缩小。

4.2.2　对齐坐标系

如图 4-2-2 所示。

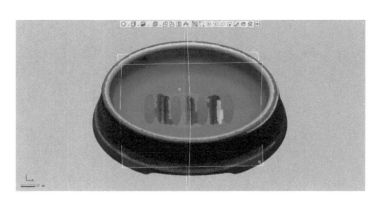

图 4-2-2　对齐坐标系

4.2.3　构建模型

1. 放样曲面

①点击"模型"→"平面"按钮,采用"多个点"的方式创建"平面一",再按住 Ctrl 键鼠标点击"平面一"拖拽将其复制为多个平面,如图 4-2-3、图 4-2-4、图 4-2-5 所示。

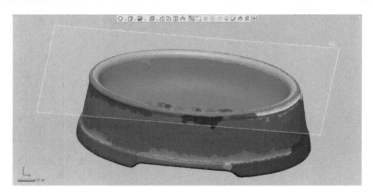

图 4-2-3　创建平面

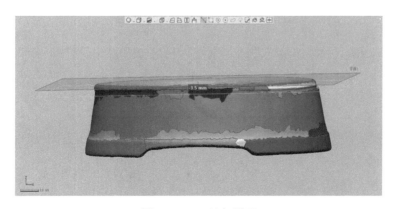

图 4-2-4　追加平面

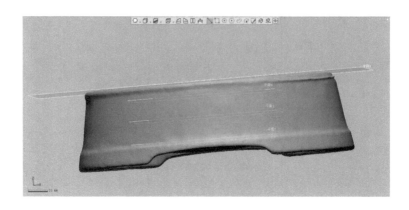

图 4 - 2 - 5　复制多个平面

②再点击"草图"→"面片草图"分别以平面为基准创建、绘制草图,如图 4 - 2 - 6、图 4 - 2 - 7、图 4 - 2 - 8 所示。

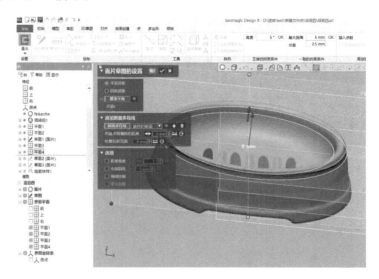

图 4 - 2 - 6　面片草图选择

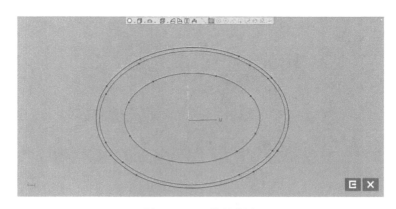

图 4 - 2 - 7　绘制草图

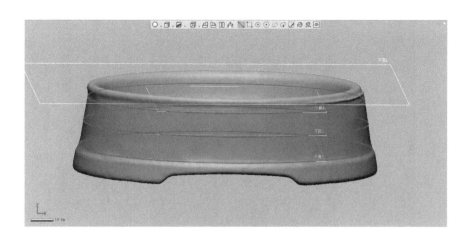

图 4 - 2 - 8　草图绘制完成

③单击"模型"→"曲面放样"按钮进行放样曲面并进行延长,如图 4 - 2 - 9、图 4 - 2 - 10、图 4 - 2 - 11、图 4 - 2 - 12 所示。

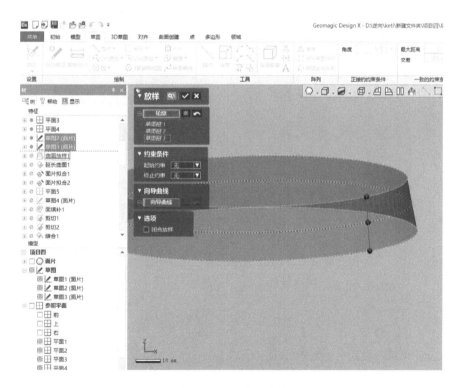

图 4 - 2 - 9　曲面放样

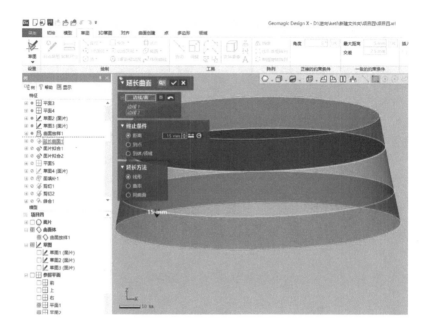

图 4 - 2 - 10　曲面延长

图 4 - 2 - 11 中:

边线/面:选择曲面所要延长方向的边线或者曲面的所有边线都需要延长也可以直接选择曲面。

终止条件:和拉伸的方法相同,可参考拉伸。

延长方法:选择一种合适的方法对曲面进行延长。

图 4 - 2 - 11　延长曲面设置

图 4 - 2 - 12　延长曲面完成

2. 面片拟合、创建

绘制曲面,点击"面片拟合"按钮将底部两个大曲面创建,再单击"草图"→"面片草图"按钮,基准平面选择为"平面一"单击"确定",进入草图绘制界面,单击"矩形"按钮,绘制一个矩形,单击"确定",单击"模型"→"面填补"按钮,边线选择为矩形的四个边,单击"确定",如图4-2-13、图4-2-14、图4-2-15、图4-2-16、图4-2-17、图4-2-18 所示。

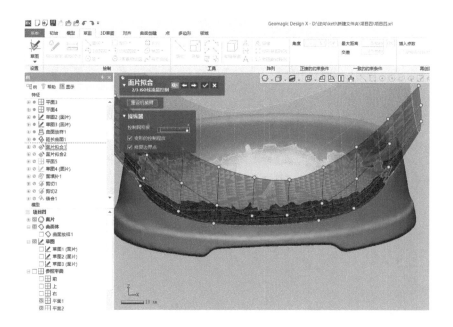

图 4-2-13 面片拟合

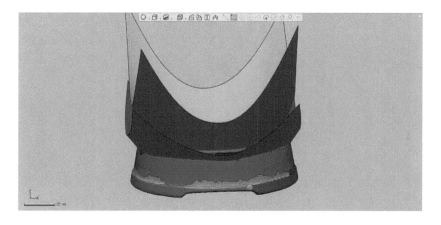

图 4-2-14 面片拟合完成

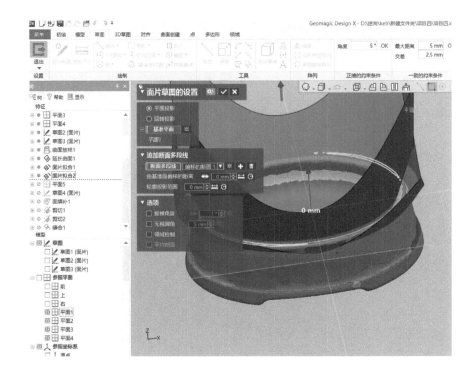

图 4 - 2 - 15　面片草图选择

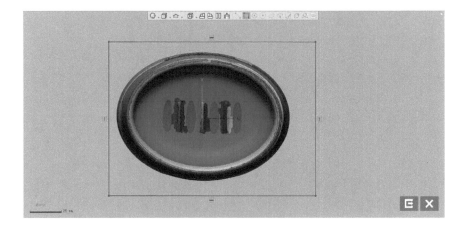

图 4 - 2 - 16　绘制草图

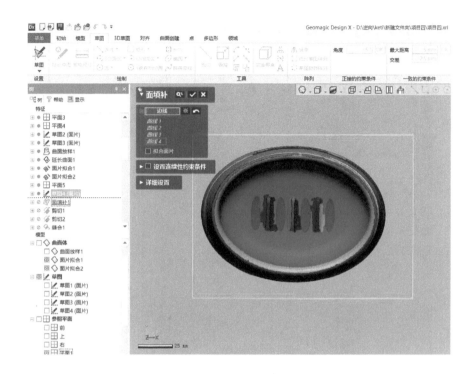

图 4 - 2 - 17　面填补

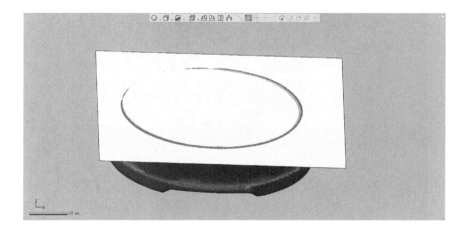

图 4 - 2 - 18　面填补完成

3. 面片剪切

单击"曲面剪切"按钮将其剪切为实体,剪切效果如图 4-2-19、图 4-2-20、图4-2-21、图 4-2-22 所示。

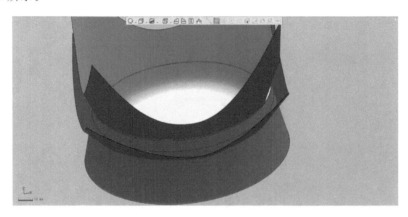

图 4-2-19 剪切曲面

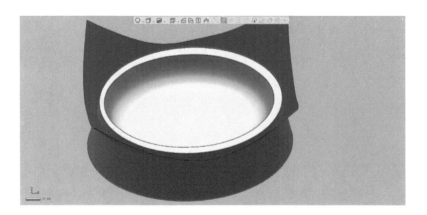

图 4-2-20 曲面剪切(一)

图 4-2-21 曲面剪切(二)

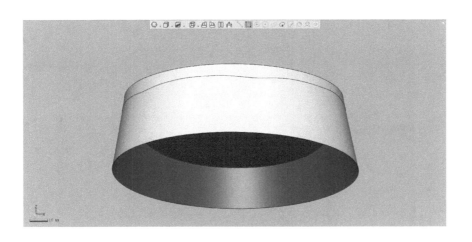

图 4 - 2 - 22　剪切完成

4. 曲面创建、剪切

①绘制内部平面，点击"模型"→"曲面偏移"将外侧曲面进行偏移，偏移距离为 2 mm，并剪切缝合，如图 4 - 2 - 23、图 4 - 2 - 24、图 4 - 2 - 25 所示。

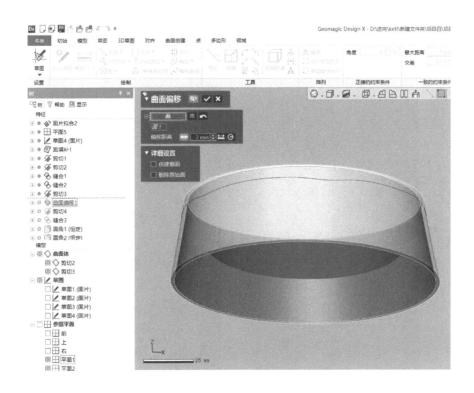

图 4 - 2 - 23　曲面偏移

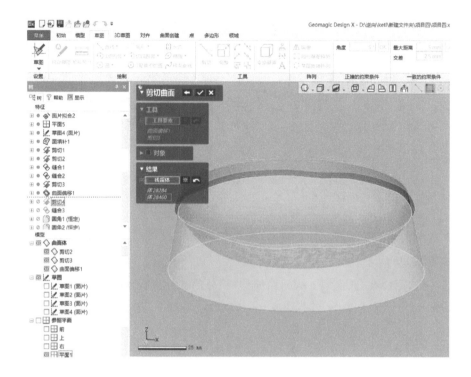

图 4 - 2 - 24 剪切曲面

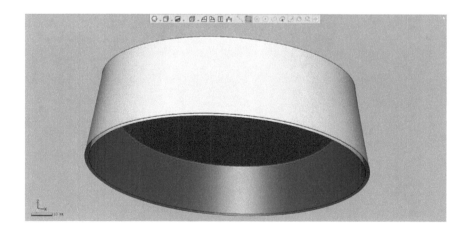

图 4 - 2 - 25 剪切完成

②再点击"模型"→"曲面偏移"对外侧曲面进行偏移,偏移距离分别为 0.2 mm 和 1 mm,如图 4 - 2 - 26、图 4 - 2 - 27 所示。

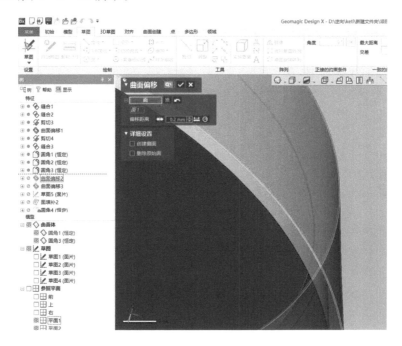

图 4 - 2 - 26　曲面偏移(一)

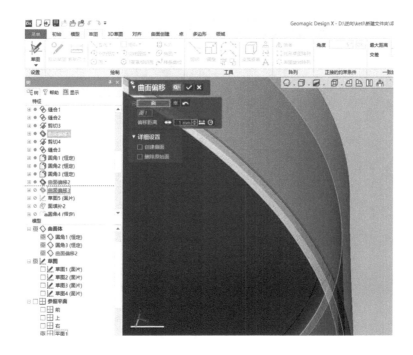

图 4 - 2 - 27　曲面偏移(二)

③以"平面二"为基准创建草图,绘制矩形并填充成片体,再以"上"为基准绘制草图并进行拉伸成片体,最后进行剪切,如图 4-2-28、图 4-2-29、图 4-2-30、图 4-2-31 所示。

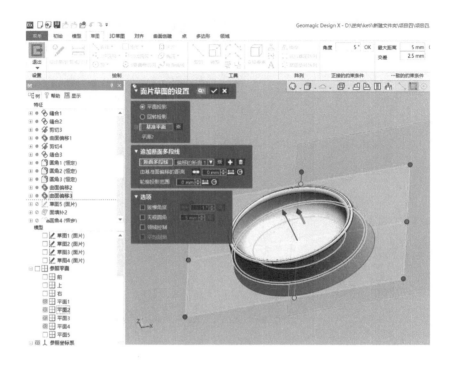

图 4-2-28　面片草图选择

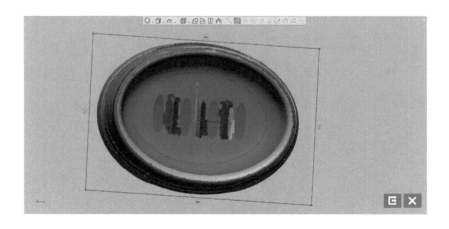

图 4-2-29　绘制草图

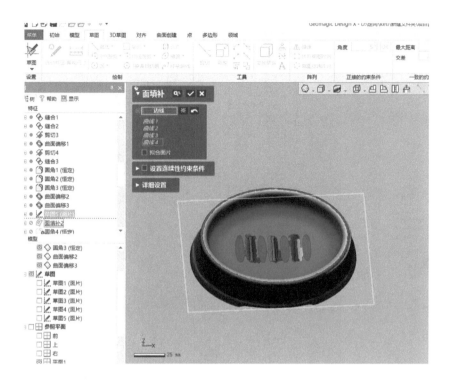

图 4 - 2 - 30　面填补

图 4 - 2 - 31　面填补完成

④再以基准平面"上"为基准平面创建绘制草图,进行拉伸剪切,如图 4-2-32、图 4-2-33、图 4-2-34、图 4-2-35、图 4-2-36、图 4-2-37、图 4-2-38、图 4-2-39、图 4-2-40、图 4-2-41、图 4-2-42 所示。

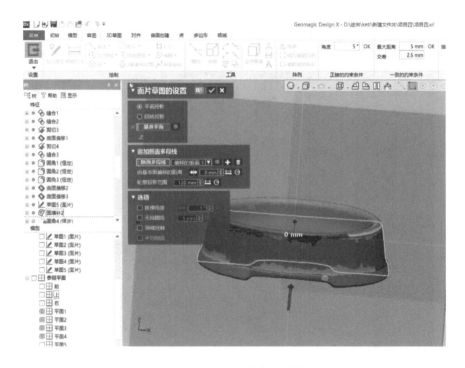

图 4-2-32　面片草图选择

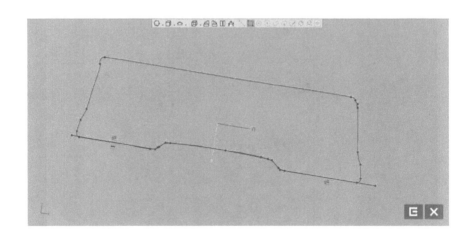

图 4-2-33　绘制草图

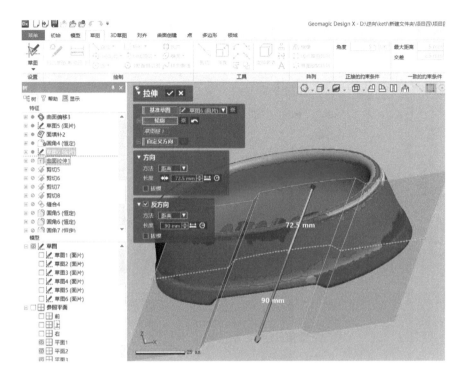

图 4 - 2 - 34　草图拉伸

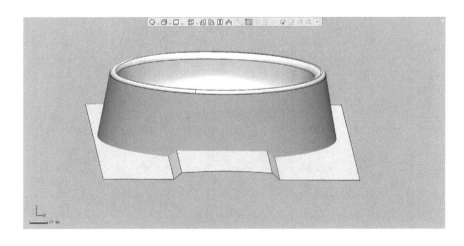

图 4 - 2 - 35　拉伸完成

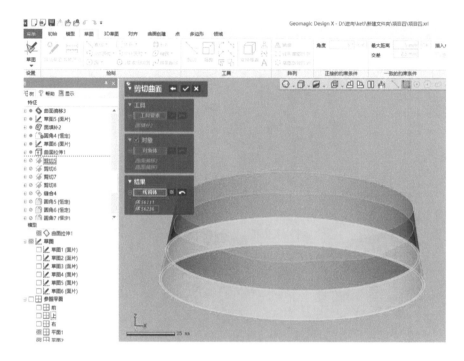

图 4-2-36 剪切曲面(一)

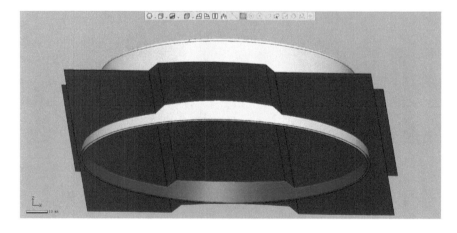

图 4-2-37 剪切曲面(二)

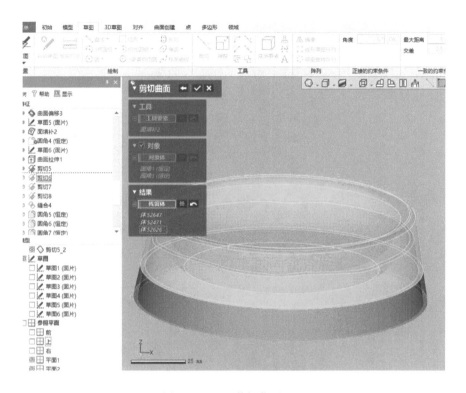

图 4 - 2 - 38　剪切曲面（三）

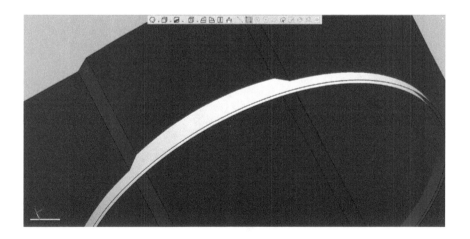

图 4 - 2 - 39　剪切曲面（四）

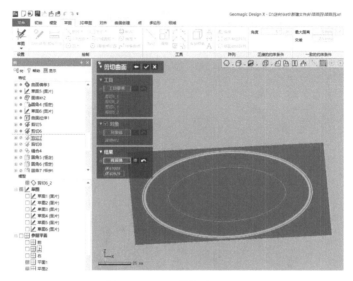

图 4-2-40　剪切曲面（五）

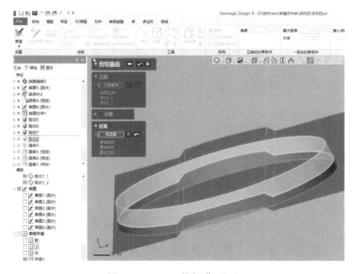

图 4-2-41　剪切曲面（六）

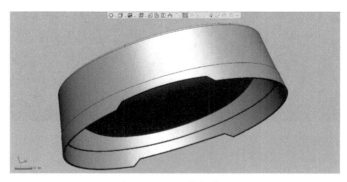

图 4-2-42　剪切完成

5. 创建内部细节特征

创建"平面 6",方法为"多个点",并绘制草图进行拉伸求和、剪切,如图 4 - 2 - 43、图 4 - 2 - 44、图 4 - 2 - 45、图 4 - 2 - 46、图 4 - 2 - 47、图 4 - 2 - 48、图 4 - 2 - 49、图 4 - 2 - 50 所示。

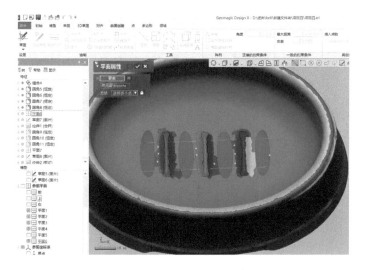

图 4 - 2 - 43　创建平面(一)

图 4 - 2 - 44　创建平面(二)

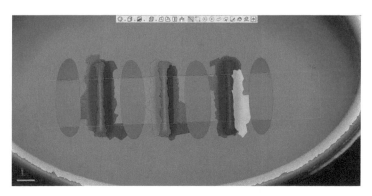

图 4 - 2 - 45　创建平面(三)

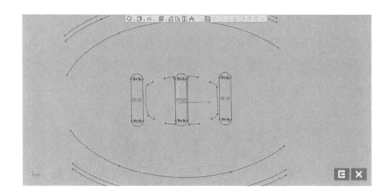

图 4 - 2 - 46　绘制草图(一)

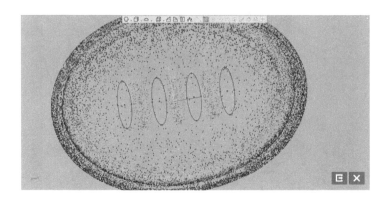

图 4 - 2 - 47　绘制草图(二)

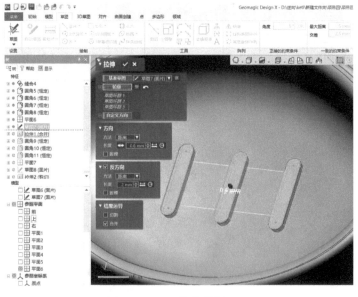

图 4 - 2 - 48　拉伸草图(一)

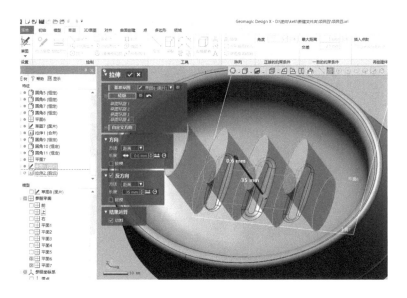

图 4 - 2 - 49　拉伸草图(二)

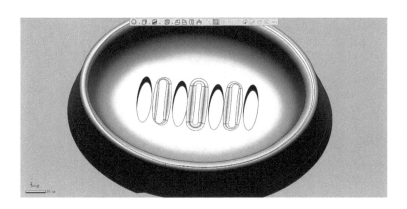

图 4 - 2 - 50　拉伸完成

6. 倒圆角

点击"模型"→"圆角"最后将所有圆角部位进行"倒圆角"命令。

4.3　分析和文件输出

4.3.1　偏差对比分析

1. 偏差对比

建模完成后,选中"体偏差"单击按钮即可查看色彩偏差图,将鼠标指针放在工件上即可查看到偏差数值,如图 4 - 3 - 1 所示。

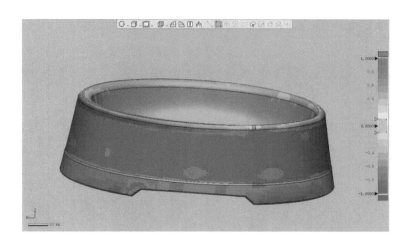

图 4-3-1 色彩偏差图

2. 表面对比

建模完成后,选中"环境写像"单击按钮来查看对比表面是否符合要求,表面有无褶皱和缝隙等错误地方,如图 4-3-2 所示。

图 4-3-2 环境写像对比

4.3.2 文件的输出

具体参照项目一文件的输出。

项目五　飞机机翼模型重构

5.1　点云数据的处理

5.1.1　点云的导入

将点云数据"玩具机翼模型.stl"文件直接拖入软件中,或点击"初始"→"导入",找到所需文件导入,如图 5-1-1、图 5-1-2 所示。

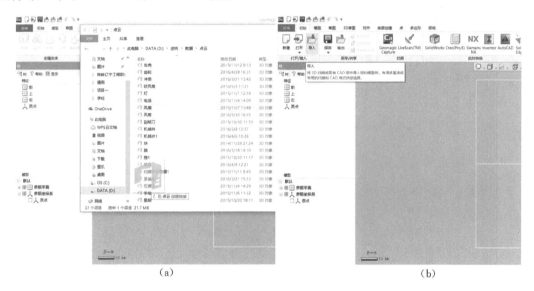

（a）　　　　　　　　　　　　　　　　（b）

图 5-1-1　打开目录,选择文件

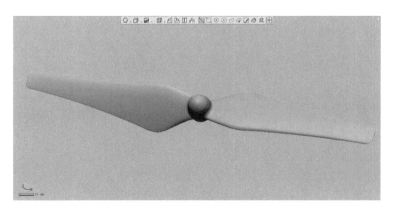

图 5-1-2　玩具机翼模型

5.1.2 三角网格面片修补

选择左侧特征树下的三角面片,双击进入"面片"模型,对三角面片进行修补,单击并使用"修补精灵"命令,进行整体修补,去除杂乱的面片,如图 5-1-3 所示。

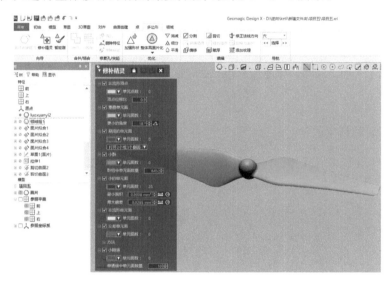

图 5-1-3 修补精灵

5.1.3 数据保存

选择"菜单"→"文件"→"输出"命令,单独输出文件,选择所需的文件输出即可,如图 5-1-4所示。

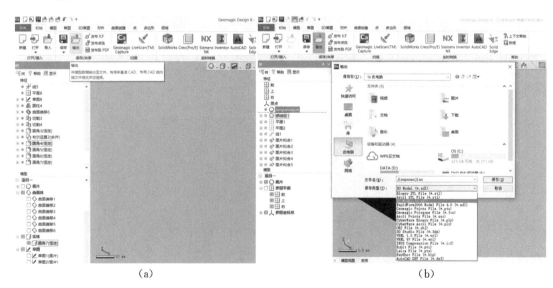

(a)   (b)

图 5-1-4 输出文件

5.2　创建模型特征

5.2.1　领域组的划分

（1）自动分割　单击进入"领域"模块，点击"自动分割"按钮，将"敏感度"设置为"20"，"面片的粗糙度"设置为中间位置，最后单击"确定"按钮即可，并将领域组范围缩小，如图 5 - 2 - 1 所示。

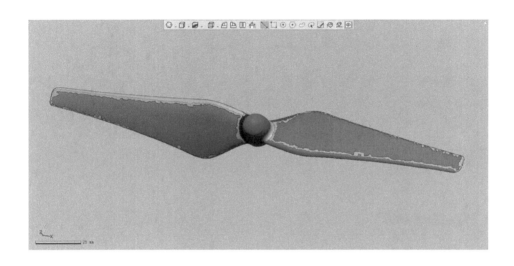

图 5 - 2 - 1　自动分割并缩小领域

注意：对于特别杂乱和表面质量不好的面片，可以点击"优质面片转化"来将面片转化成优质面片，如之后依然不能满足逆向条件，必须转入其他软件进行前处理，否则逆向的误差将不能满足需求。

（2）重分块　如果自动分割领域组后的数据分区不能满足后期建模的要求，需要对分区后的数据进行重新分割。

（3）分离　对划分的区域进行自定义划分，单击"分离"命令，选择左下角的"画笔选择模式"，对所不满意的领域组进行划分即可。

注意：调节画笔圆形的大小时可按住＜Alt＞键并拖动鼠标左键即可。

（4）合并　选择两个领域组，单击"合并"按钮，即可将两个领域组合并成为一个领域组。

（5）扩大和缩小　选择所选中的领域组，单击"扩大"按钮，即可将选中的领域组范围扩大，相反，"缩小"按钮可将所选中的领域组范围缩小。

这里的四个大领域要进行缩小，以此类推，如图 5 - 2 - 2 所示。

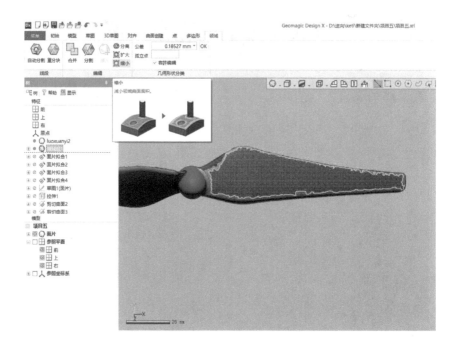

图 5 - 2 - 2 缩小领域

5.2.2 对齐坐标系

如图 5 - 2 - 3 所示。

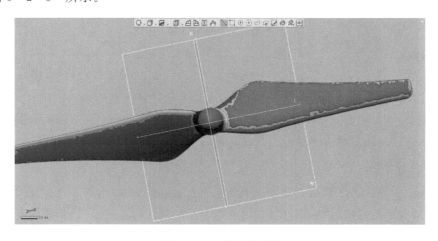

图 5 - 2 - 3 对齐坐标系

5.2.3 构建模型

1. 面片拟合

单击"模型"→"面片拟合"按钮,进入"面片拟合"命令,分别拟合多个曲面,如图 5 - 2 - 4、图 5 - 2 - 5、图 5 - 2 - 6、图 5 - 2 - 7 所示。

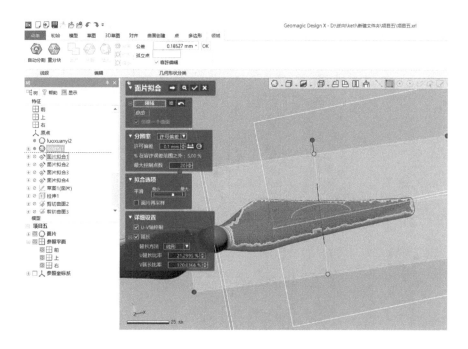

图 5 - 2 - 4　面片拟合选择

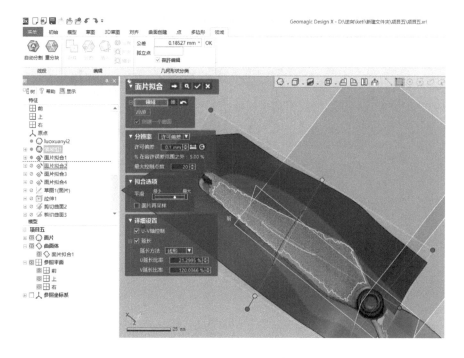

图 5 - 2 - 5　面片拟合

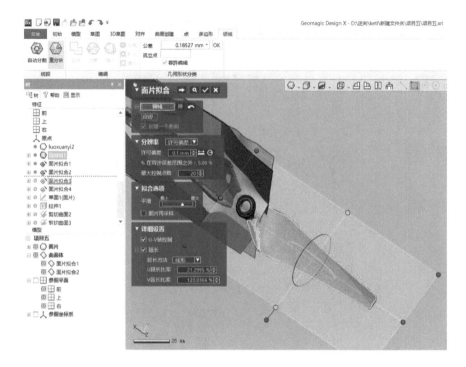

图 5-2-6　面片拟合选择

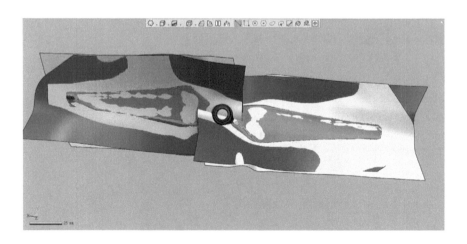

图 5-2-7　完成创建

2. 剪切面片

①再点击"草图"→"面片草图"以"平面前"为基准平面创建草图,绘制草图如图 5-2-8、图 5-2-9、图 5-2-10 所示。

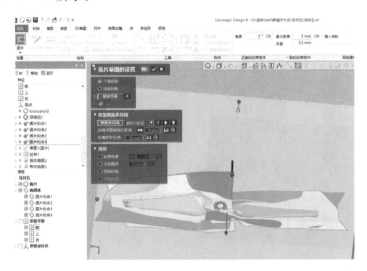

图 5-2-8　面片草图选择

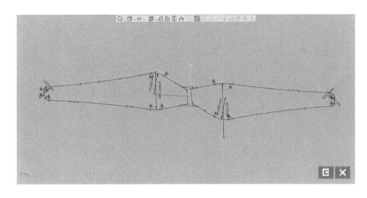

图 5-2-9　绘制草图

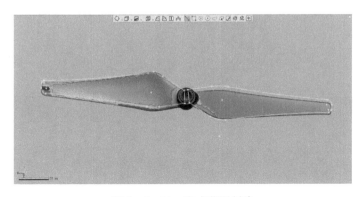

图 5-2-10　完成草图创建

②再点击"模型"→"曲面拉伸"按钮,完成曲面的拉伸,如图 5-2-11、图 5-2-12 所示。

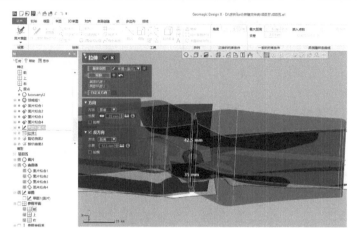

图 5-2-11　曲面拉伸

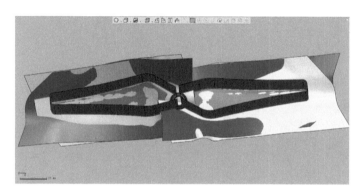

图 5-2-12　拉伸完成

③单击"模型"→"剪切曲面",完成剪切,如图 5-2-13、图 5-2-14、图 5-2-15、图 5-2-16所示。

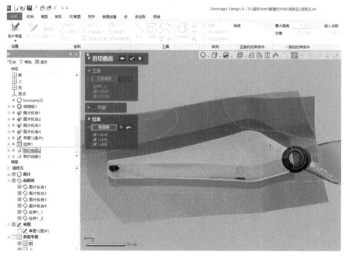

图 5-2-13　剪切曲面

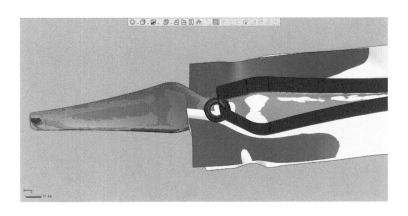

图 5 - 2 - 14　剪切完成

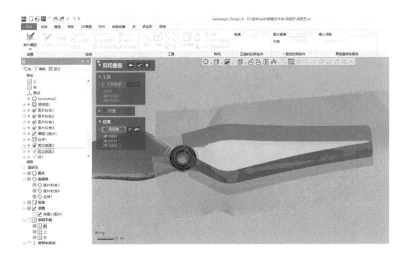

图 5 - 2 - 15　进行剪切

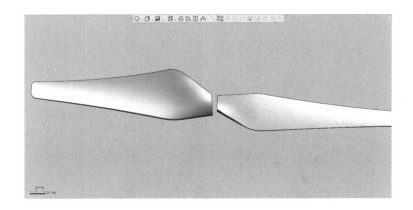

图 5 - 2 - 16　剪切完成

3. 创建中心模型

①点击"模型"→"线"采用"探索圆柱轴"的方式创建"线一",如图 5-2-17、图 5-2-18、图 5-2-19 所示。

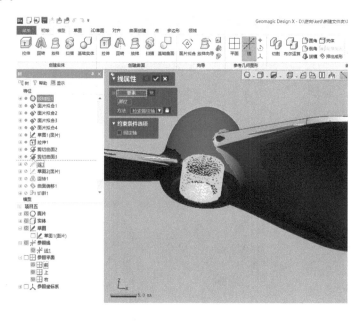

图 5-2-17　创建线

图 5-2-18 中:

要素:根据方法选择要素,这里的方法为检索圆柱轴,所以选择的为领域组。其他方法要选择的要素不同。

图 5-2-18　创建线设置

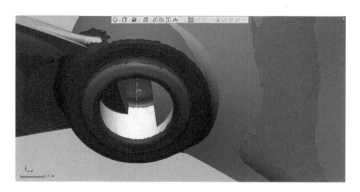

图 5-2-19　线创建完成

②点击"草图"→"面片草图"，创建草图并进行旋转成为实体，如图 5 - 2 - 20、图 5 - 2 - 21、图 5 - 2 - 22、图 5 - 2 - 23、图 5 - 2 - 24、图 5 - 2 - 25、图 5 - 2 - 26 所示。

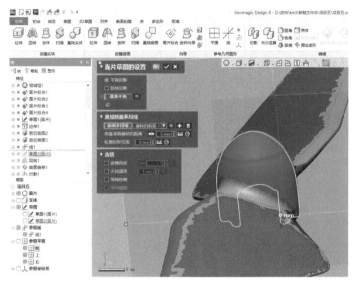

图 5 - 2 - 20　面片草图选择

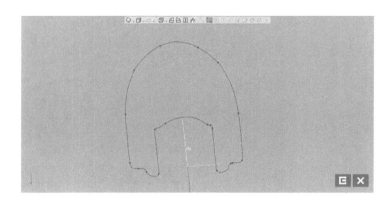

图 5 - 2 - 21　面片草图创建完成

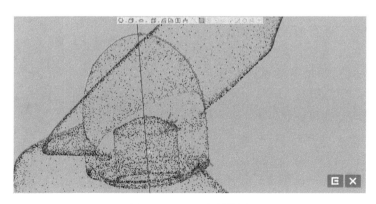

图 5 - 2 - 22　绘制草图

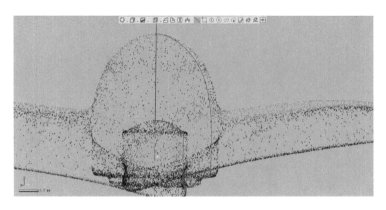

图 5 - 2 - 23　草图绘制完成

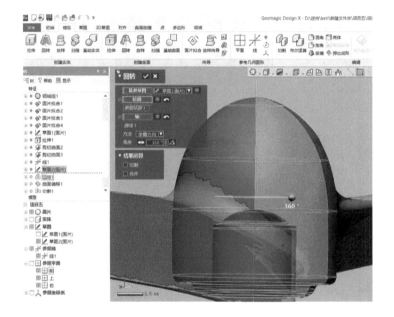

图 5 - 2 - 24　进行回转

图 5 - 2 - 25 中：

基准草图：选择要进行回转的草图。

轮廓：因为一些复杂草图内包含了多个
封闭草图，所以需要选择所有的草图轮廓，
对于不需要的轮廓，不做处理。

轴：选择基准轴作为旋转轴。

方法和角度：一般不做修改，单侧方向
和角度手动输入足以满足实际的需求。

运算结果：根据自己的需求选择布尔运
算切割还是合并。

图 5 - 2 - 25　回转设置

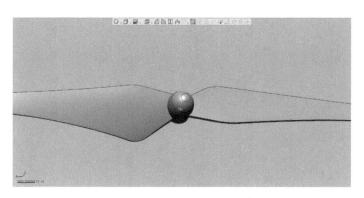

图 5 - 2 - 26　回转完成

4. 实体剪切求和

①点击"模型"→"曲面偏移"最后将其内部曲面进行偏移,偏移距离为 0,用曲面将多余部位进行剪切,如图 5 - 2 - 27、图 5 - 2 - 28、图 5 - 2 - 29、图 5 - 2 - 30、图 5 - 2 - 31 所示。

图 5 - 2 - 27　曲面偏移

图 5 - 2 - 28　曲面偏移选择

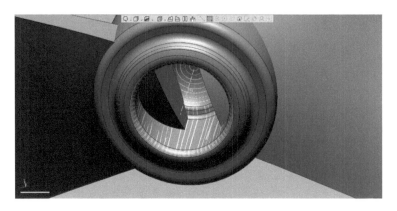

图 5 - 2 - 29　偏移完成

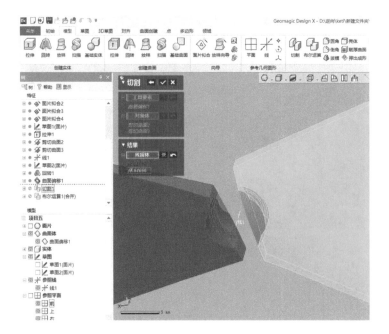

图 5 - 2 - 30　进行剪切

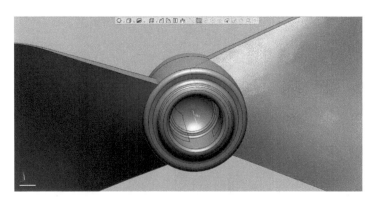

图 5 - 2 - 31　剪切完成

②点击"模型"→"布尔运算"将两个实体进行布尔运算求和,如图5-2-32所示。

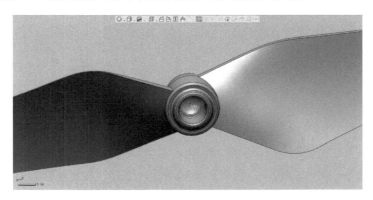

图5-2-32　布尔求和

5. 可变圆角

点击"模型"→"圆角"将使用可变圆角功能,如图5-2-33、5-2-34所示。

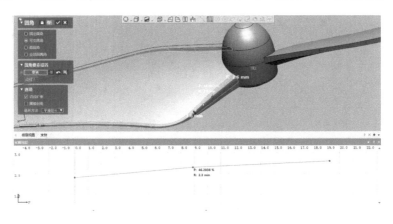

图5-2-33　选择需变圆角部分

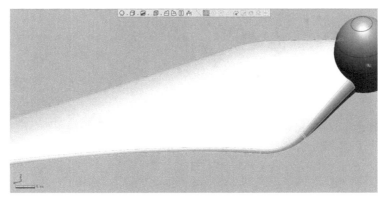

图5-2-34　倒圆角完成

5.3 分析和文件输出

5.3.1 偏差对比分析

1. 偏差分析

建模完成后,选中"体偏差"单击按钮即可查看色彩偏差图,将鼠标指针放在工件上即可查看到偏差数值,如图5-3-1所示。

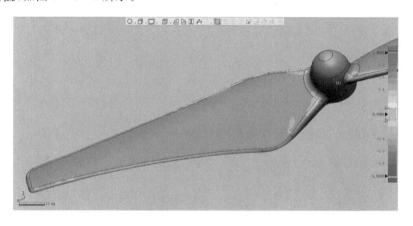

图5-3-1 色彩偏差图

2. 表面对比

建模完成后,选中"环境写像"单击按钮来查看对比表面是否符合要求,表面有无褶皱和缝隙等错误地方,如图5-3-2所示。

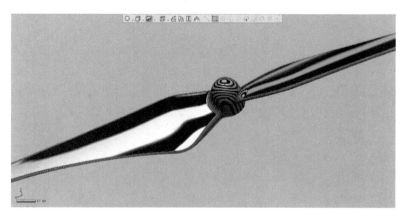

图5-3-2 环境写像

5.3.2　文件输出

注意:可变圆角的应用方法

可变圆角设置,如图 5-3-3、图 5-3-4、图 5-3-5 所示。

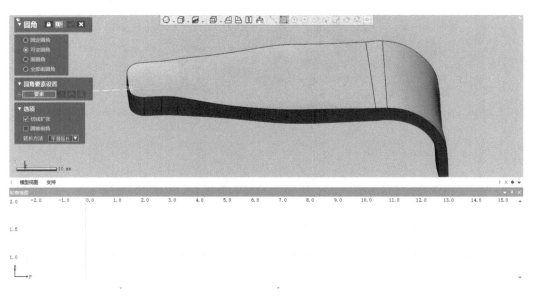

图 5-3-3　设置圆角

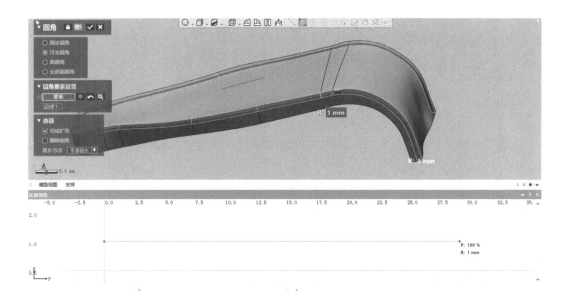

图 5-3-4　设置圆角半径

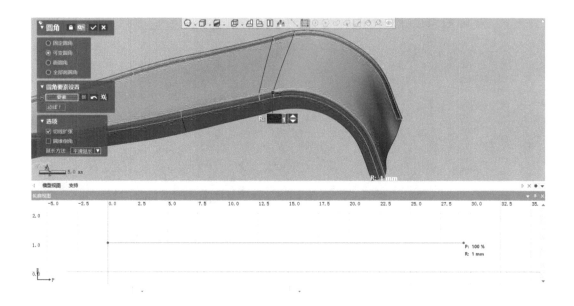

图 5 - 3 - 5   设置圆角半径

注意:选择较长可变圆角曲线时要分段选择来改变圆角大小,如图 5 - 3 - 6 所示。

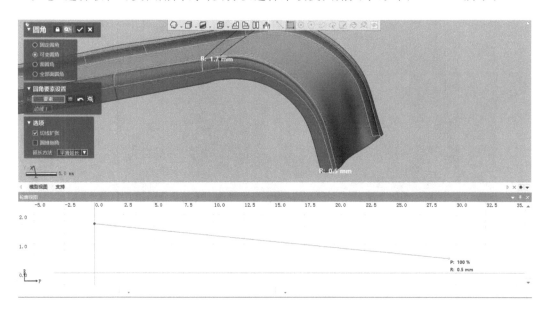

图 5 - 3 - 6   分段选择圆角大小

通过在黄色直线上插入各个控制点,来实现每处圆角半径数值的不同,如图 5 - 3 - 7所示。

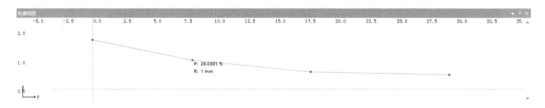

图 5 - 3 - 7　控制圆角半径数值

通过在黄色直线上插入各个控制点,来实现每处圆角半径数值的不同,如图 5 - 3 - 8、图 5 - 3 - 9所示。

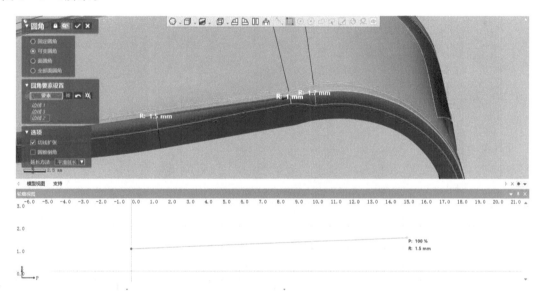

图 5 - 3 - 8　控制圆角半径数值(一)

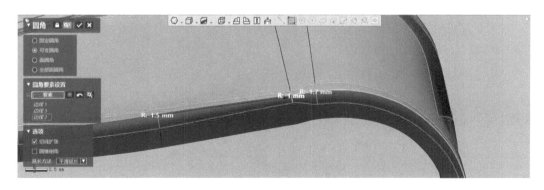

图 5 - 3 - 9　控制圆角半径数值(二)

　　选择多条边线进行可变圆角操作时选择下一条边线时,下方的控制点要重新插入,上一条边线也将变为淡蓝色,可操作边线为紫色,如图 5-3-10 所示。

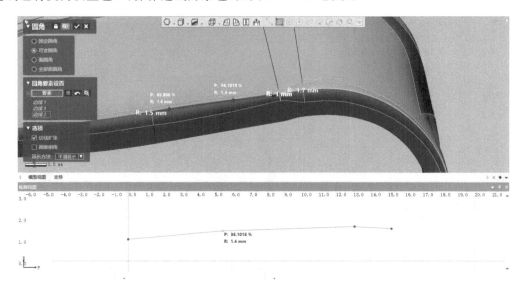

图 5-3-10　多条边线控制可变圆角

　　同样下方赋值调节处也发生改变,但以前的赋值依然可以调节,只是颜色发生变化便于区分,如图 5-3-11、图 5-3-12、图 5-3-13 所示。

图 5-3-11　调节赋值

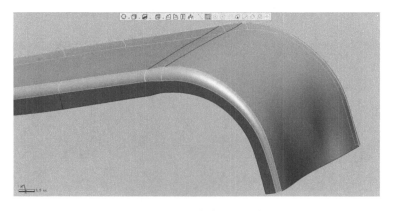

图 5-3-12　完成可变圆角

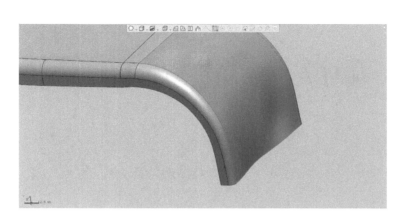

图 5 - 3 - 13　完成可变圆角

对于一些难于用可变圆角处理的情况,也可以转入其他软件中处理。

项目六　涡轮模型重构

6.1　点云数据的处理

6.1.1　点云的导入

将点云数据"涡轮模型.stl"文件直接拖入软件中，或点击"初始"→"导入"，找到所需文件导入，如图6-1-1、图6-1-2所示。

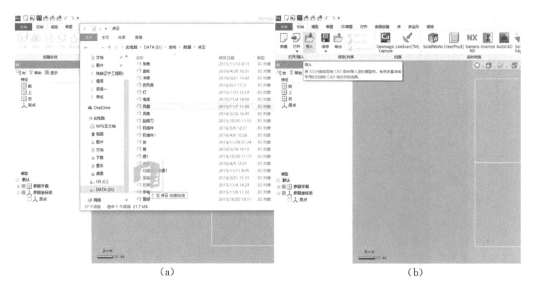

（a）　　　　　　　　　　　　　　　　（b）

图6-1-1　打开文件，选择目录

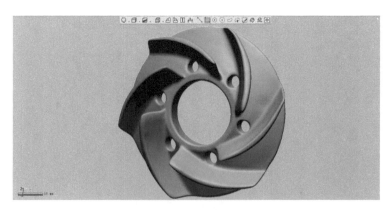

图6-1-2　涡轮模型

6.1.2　三角网格面片修补

选择左侧特征树下的三角面片，双击进入"面片"模型，对三角面片进行修补，单击并使用"修补精灵"命令，进行整体修补，去除杂乱的面片，如图6-1-3所示。

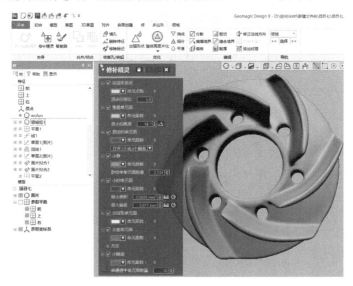

图6-1-3　修补精灵命令

注意：对于特别杂乱和表面质量不好的面片，可以点击"优质面片转化"来将面片转化成优质面片，如之后依然不能满足逆向条件，必须转入其他软件进行前处理，否则逆向的误差将不能满足需求。

6.1.3　数据保存

选择"菜单"→"文件"→"输出"命令，单独输出文件，选择所需的文件输出即可，如图6-1-4所示。

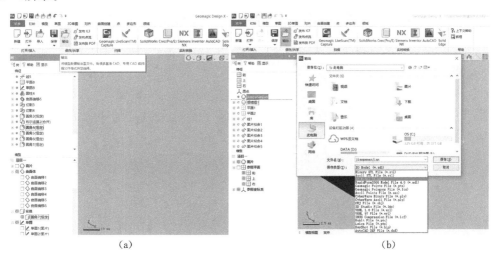

　　　　　　(a)　　　　　　　　　　　　　　　　　　(b)

图6-1-4　文件输出

6.2　创建模型特征

6.2.1　领域组的划分

（1）自动分割　单击进入"领域"模块，点击"自动分割"按钮，将"敏感度"设置为"30"，"面片的粗糙度"设置为中间位置，最后单击"确定"按钮即可，如图 6-2-1 所示。

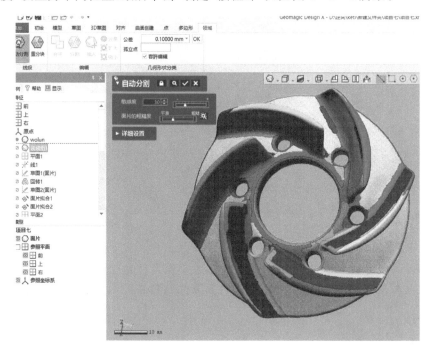

图 6-2-1　自动分割

（2）重分块　如果自动分割领域组后的数据分区不能满足后期建模的要求，需要对分区后的数据进行重新分割。

（3）分离　对划分的区域进行自定义划分，单击"分离"命令，选择左下角的"画笔选择模式"，对不满意的领域组进行划分即可。

注意：调节画笔圆形的大小时可按住＜Alt＞键并拖动鼠标左键即可。

（4）合并　选择两个领域组，单击"合并"按钮，即可将两个领域组合并并成为一个领域组。

（5）扩大和缩小　选择所选中的领域组，单击"扩大"按钮，即可将选中的领域组范围扩大，相反，"缩小"按钮可将所选中的领域组范围缩小。

6.2.2　对齐坐标系

如图 6-2-2 所示。

图 6-2-2　对齐坐标系

6.2.3　构建模型

1. 创建涡轮主体

单击"模型"→"线"创建线,再点击"草图"→"面片草图"按钮,进入"草图"命令,绘制草图并进行旋转,如图 6-2-3、图 6-2-4、图 6-2-5、图 6-2-6、图 6-2-7、图 6-2-8 所示。

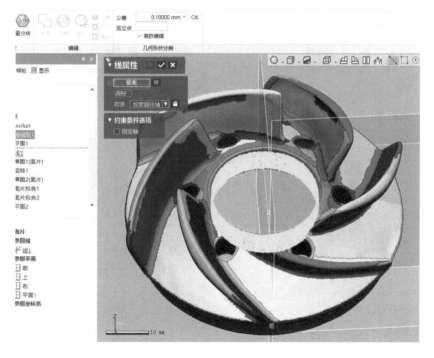

图 6-2-3　创建线

图 6-2-4　线创建完成

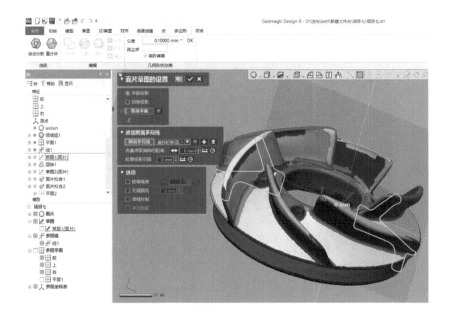

图 6-2-5　面片草图选择

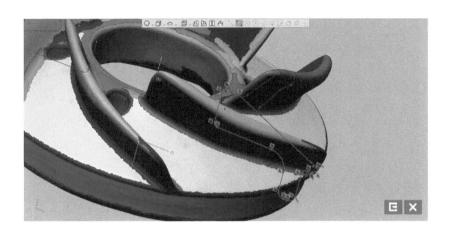

图 6-2-6　绘制草图

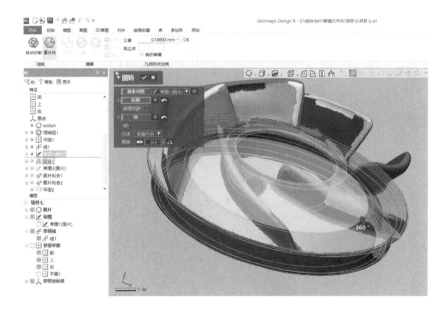

图 6-2-7　回转草图

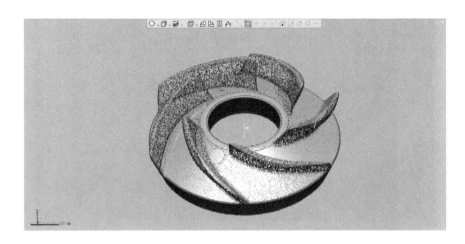

图 6-2-8　完成创建

2. 创建涡轮叶轮

①点击"模型"→"面片拟合"，选择合适的领域组进行片面拟合，如图 6-2-9、图 6-2-10、图 6-2-11所示。

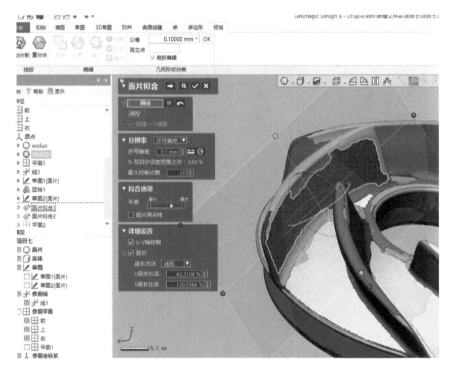

图 6-2-9　面片拟合选择

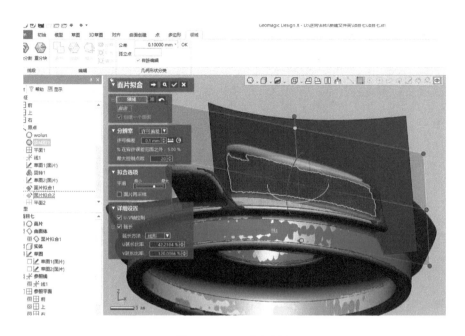

图 6-2-10 进行拟合

图 6-2-11 拟合完成

②单击"模型"→"平面"按钮,进入"追加平面"命令,选择"绘制直线",创建平面,如图 6-2-12、图 6-2-13 所示。

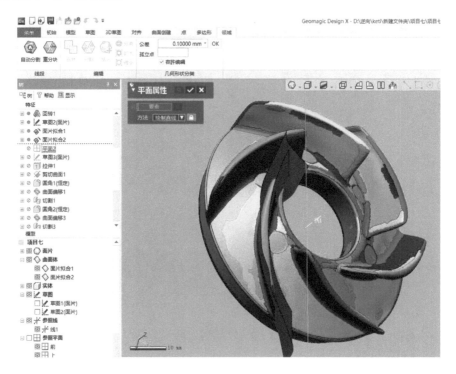

图 6-2-12　追加平面

图 6-2-13　创建平面

③再点击"草图"→"面片草图",以草图为基准平面创建草图,绘制草图如图 6 - 2 - 14、图 6 - 2 - 15所示。

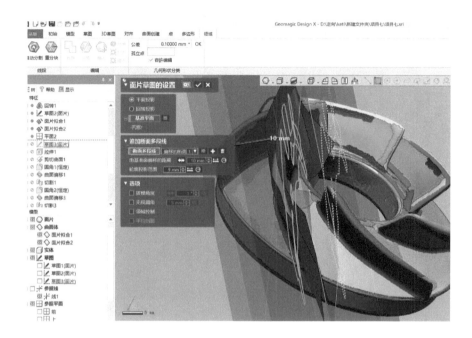

图 6 - 2 - 14　面片草图选择

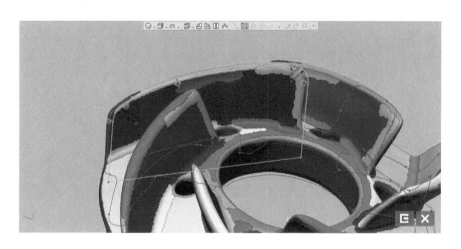

图 6 - 2 - 15　绘制草图

④点击"模型"→"面片剪切",将草图拉伸成片体之后完成剪切,缝合后成为实体,如图 6-2-16、图 6-2-17、图 6-2-18、图 6-2-19 所示。

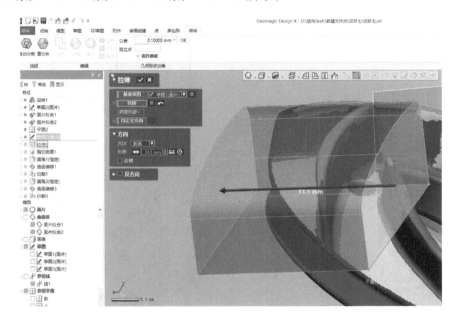

图 6-2-16　拉伸草图

图 6-2-17　拉伸完成

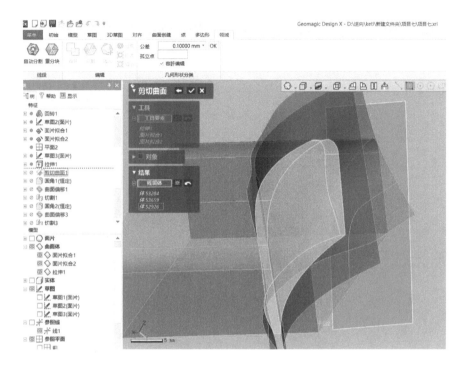

图 6 - 2 - 18　剪切曲面

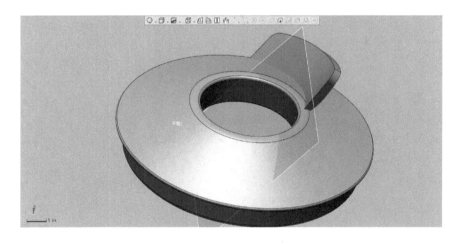

图 6 - 2 - 19　剪切完成

⑤单击"曲面偏移",选择距离为 0,将多余的部位剪切掉,如图 6-2-20、图 6-2-21、图 6-2-22、图 6-2-23 所示。

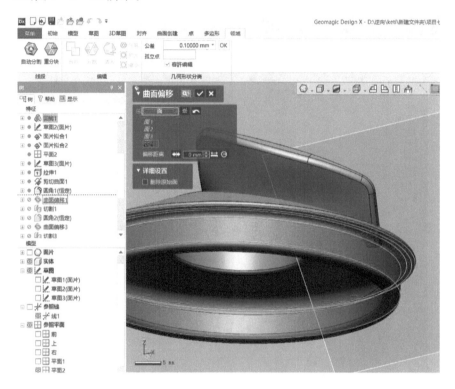

图 6-2-20 曲面偏移

图 6-2-21 偏移完成

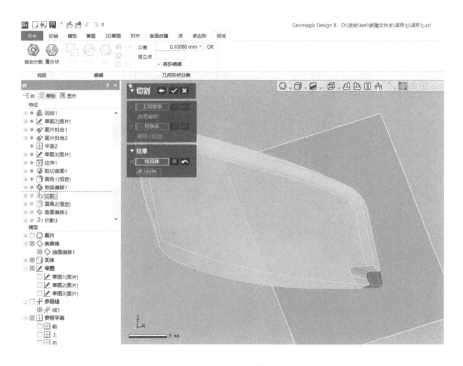

图 6-2-22　剪切

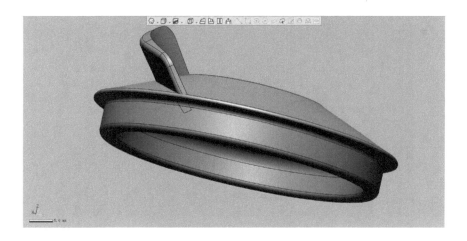

图 6-2-23　剪切完成

3. 阵列特征

①单击"模型"→"圆形阵列",将实体进行阵列,如图 6 - 2 - 24、图 6 - 2 - 25 所示。

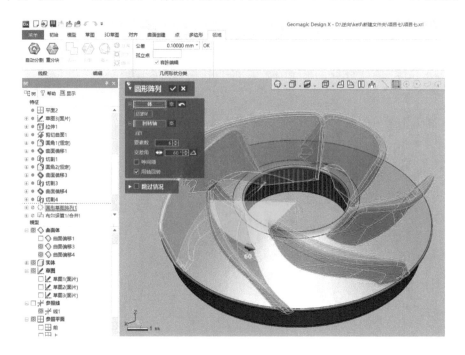

图 6 - 2 - 24　圆形阵列

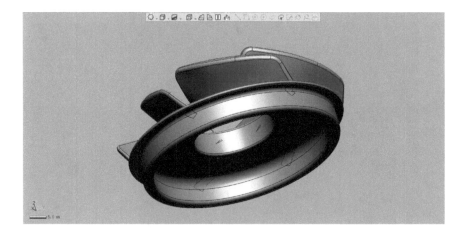

图 6 - 2 - 25　构建完成

②点击"模型"→"布尔运算",进行布尔求和,倒出圆角,如图 6－2－26 所示。

图 6－2－26　布尔求和、倒圆角

4. 创建孔细节

①点击"草图"→"面片草图",绘制草图进行拉伸剪切,如图 6－2－27、图 6－2－28、图 6－2－29、图 6－2－30 所示。

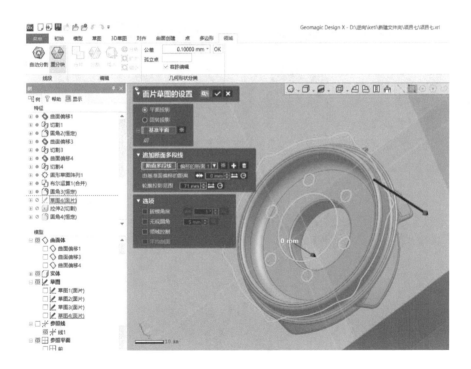

图 6－2－27　面片草图选择

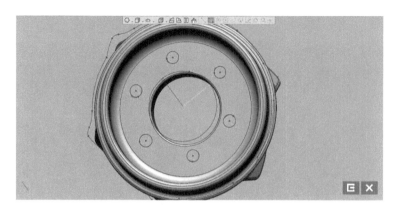

图 6-2-28　绘制草图

图 6-2-29　拉伸草图

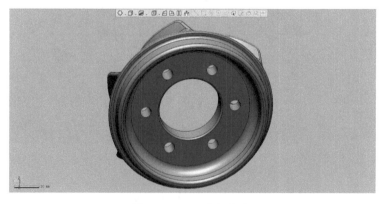

图 6-2-30　剪切完成

②点击"模型"→"圆角",倒出剩余圆角,如图 6-2-31 所示。

图 6-2-31　倒圆角完成

6.3　分析和文件输出

6.3.1　偏差对比分析

1. 偏差分析

建模完成后,选中"体偏差"单击按钮即可查看色彩偏差图,将鼠标指针放在工件上即可查看到偏差数值,如图 6-3-1 所示。

图 6-3-1　色彩偏差图

2. 表面对比

建模完成后,选中"环境写像"单击按钮来查看对比表面是否符合要求,表面有无褶皱和缝隙等错误地方,如图 6 - 3 - 2 所示。

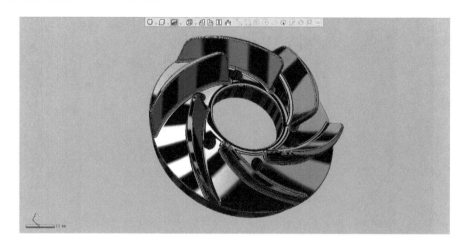

图 6 - 3 - 2　环境写像

6.3.2　文件输出

注意:关于拟合应用方法

拟合面片多为手动调节参数来达到预期想要的效果。

拟合参数细节:

(1)领域/单元面　选择想要拟合的领域或者面片,当选择为领域时,创建一个曲面的选项不可取消。

(2)分辨率　分为许可偏差和控制点数。许可偏差需要手动输入,数值越小,拟合的表面质量越好,反之越贴近领域的真实情况。控制点数同样需要输入数值,数值越小,拟合的表面质量越好,反之越贴近领域的真实情况。

(3)拟合选项　平滑程度决定与拟合出的面片粗糙度和表面质量,面片再采样选项勾选将更加贴近领域的真实情况,但表面质量会下降。

(4)延长　一般选择线性延长,数值手动调节。如图 6 - 3 - 3 所示。

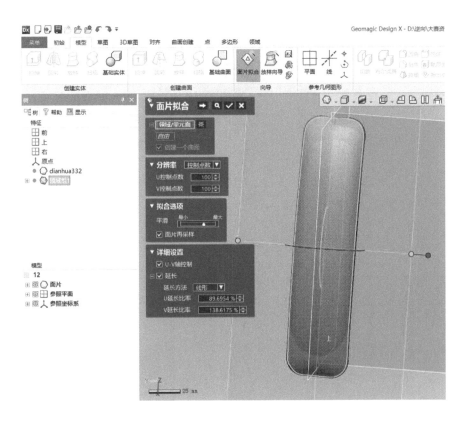

图 6-3-3 面片拟合领域选择

选择具体参数,如图 6-3-4 所示。

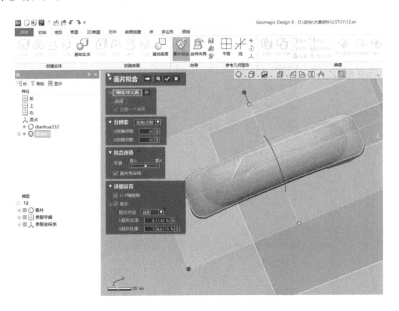

图 6-3-4 选择具体参数

下一阶段,如图 6-3-5 所示。

图 6-3-5　面片拟合

更改控制网格密度,如图 6-3-6 所示。

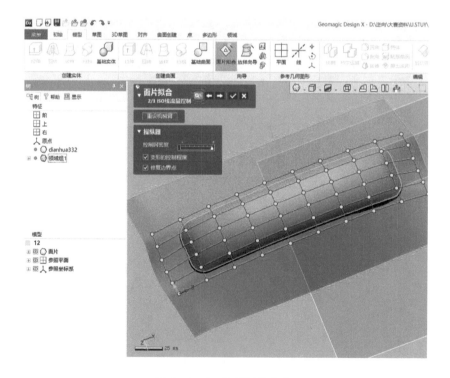

图 6-3-6　控制网格密度

调节不合适的控制点，如图 6-3-7 所示。

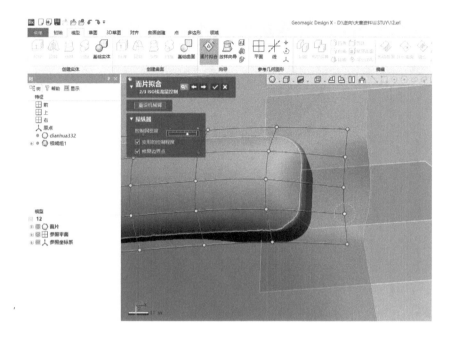

图 6-3-7 调节控制点

下一阶段，如图 6-3-8 所示。

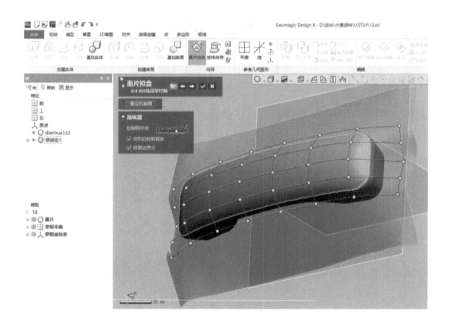

图 6-3-8 面片拟合

对网格曲线进行梳理,如果不合适,可以删除或者按住 Ctrl＋鼠标左键增加控制曲线,如图 6-3-9 所示。

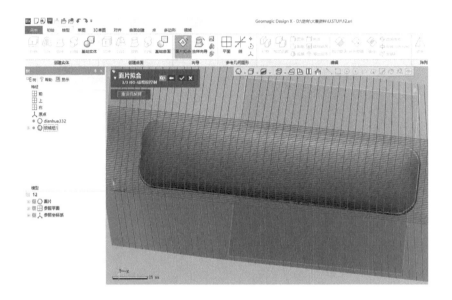

图 6-3-9　梳理网格曲线

拟合效果如图 6-3-10 所示。

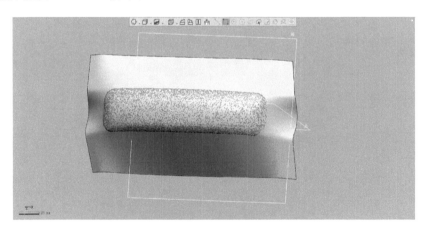

图 6-3-10　拟合效果图

偏差图如图 6 - 3 - 11 所示。

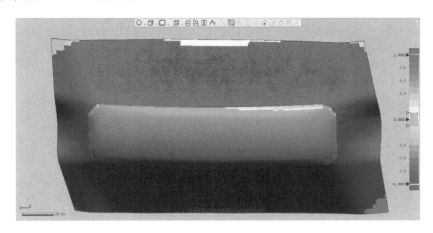

图 6 - 3 - 11 偏差图

曲率图如图 6 - 3 - 12 所示。

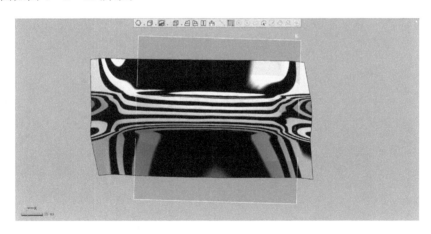

图 6 - 3 - 12 曲率图

项目七　齿轮模型重构

7.1　点云数据的处理

7.1.1　点云的导入

将点云数据"齿轮模型.stl"文件直接拖入软件中,或点击"初始"→"导入",找到所需文件导入,如图 7-1-1、图 7-1-2 所示。

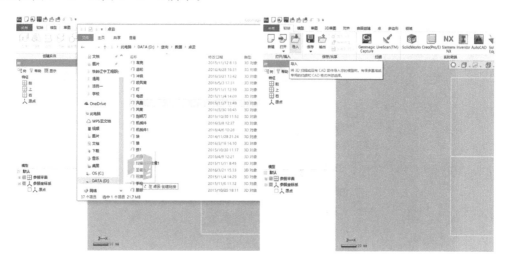

图 7-1-1　文件打开,选择目录

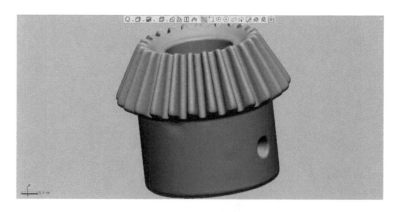

图 7-1-2　齿轮模型

7.1.2　三角网格面片修补

选择左侧特征树下的三角面片，双击进入"面片"模型，对三角面片进行修补，单击并使用"修补精灵"命令，进行整体修补，去除杂乱的面片，如图 7-1-3 所示。

图 7-1-3　修补精灵命令

注意：对于特别杂乱和表面质量不好的面片，可以点击"优质面片转化"来将面片转化成优质面片，如之后依然不能满足逆向条件，必须转入其他软件进行前处理，否则逆向的误差将不能满足需求。

7.1.3　数据保存

选择"菜单"→"文件"→"输出"命令，单独输出文件，选择所需的文件输出即可，如图 7-1-4所示。

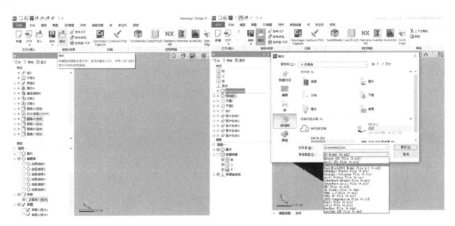

图 7-1-4　文件输出

7.2 创建模型特征

7.2.1 领域组的划分

(1)自动分割 单击进入"领域"模块,点击"自动分割"按钮,将"敏感度"设置为"20","面片的粗糙度"设置为中间位置,最后单击"确定"按钮即可,如图7-2-1所示。

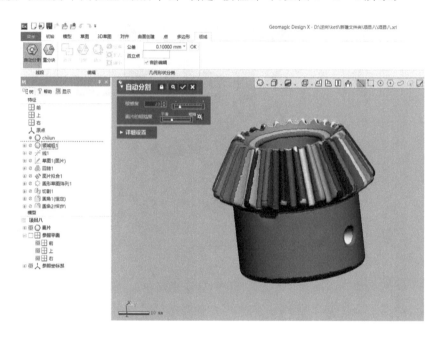

图7-2-1 自动分割

(2)重分块 如果自动分割领域组后的数据分区不能满足后期建模的要求,需要对分区后的数据进行重新分割。

(3)分离 对划分的区域进行自定义划分,单击"分离"命令,选择左下角的"画笔选择模式",对所不满意的领域组进行划分即可。

注意:调节画笔圆形的大小时可按住<Alt>键并拖动鼠标左键即可。

(4)合并 选择两个领域组,单击"合并"按钮,即可将两个领域组合并成为一个领域组。

(5)扩大和缩小 选择所选中的领域组,单击"扩大"按钮,即可将选中的领域组范围扩大,相反,"缩小"按钮可将所选中的领域组范围缩小。

7.2.2　对齐坐标系

如图 7-2-2 所示。

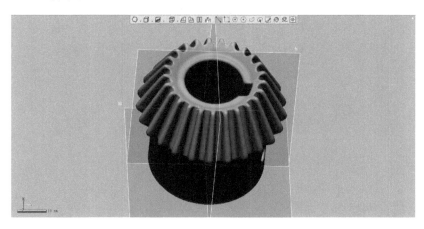

图 7-2-2　对齐坐标系

7.2.3　构建曲面

1. 创建齿轮齿部

①单击"草图"→"面片草图"按钮，进入"草图"命令，绘制草图进行回转，如图 7-2-3、图 7-2-4、图 7-2-5、图 7-2-6 所示。

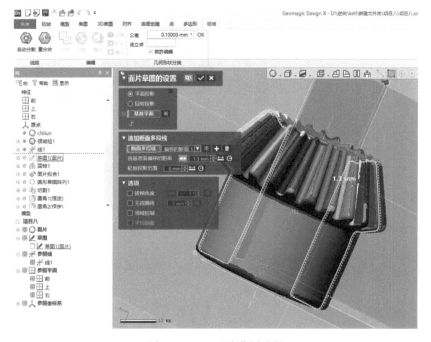

图 7-2-3　面片草图选择

图 7 - 2 - 4　绘制草图

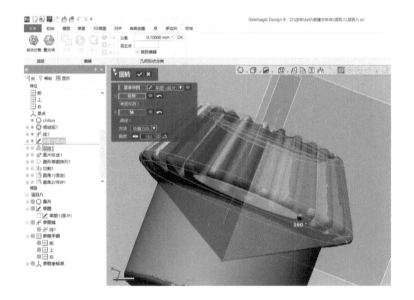

图 7 - 2 - 5　旋转草图

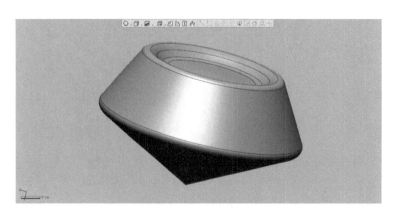

图 7 - 2 - 6　完成创建

②点击"模型"→"面片拟合",选择合适的领域组进行面片拟合,如图 7－2－7、图 7－2－8 所示。

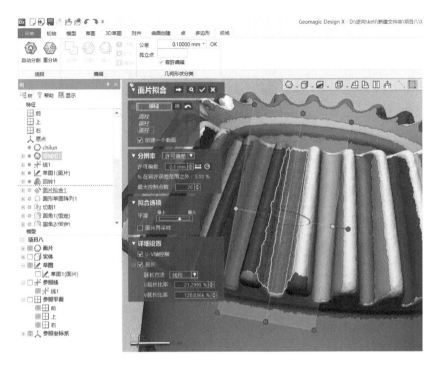

图 7－2－7　选择领域组

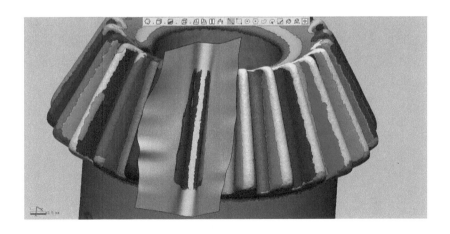

图 7－2－8　面片拟合

③点击"模型"→"线",创建"线一"以其为旋转轴,将拟合的曲面片体进行圆形阵列,并以其作为工具修建实体,最后倒圆角,如图 7-2-9、图 7-2-10、图 7-2-11、图 7-2-12、图 7-2-13、图 7-2-14、图 7-2-15 所示。

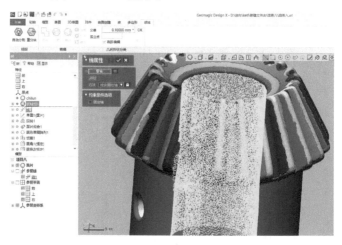

图 7-2-9　创建线

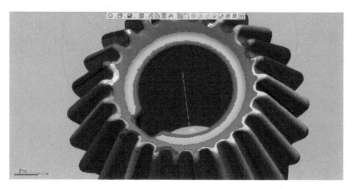

图 7-2-10　创建线完成

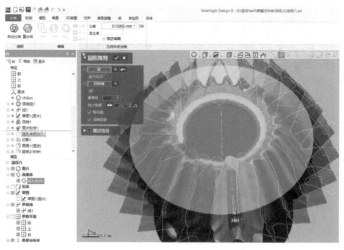

图 7-2-11　片体圆形阵列

图 7 - 2 - 12　阵列完成

图 7 - 2 - 13　选择片体

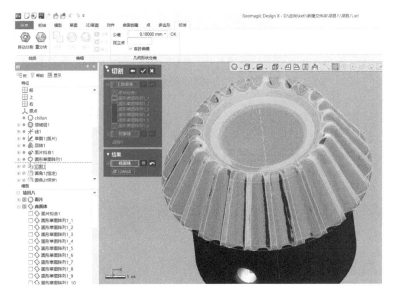

图 7 - 2 - 14　剪切实体

图 7 - 2 - 15　剪切完成

④点击"模型"→"圆角",倒出所需圆角部分,如图 7 - 2 - 16、图 7 - 2 - 17、图 7 - 2 - 18 所示。

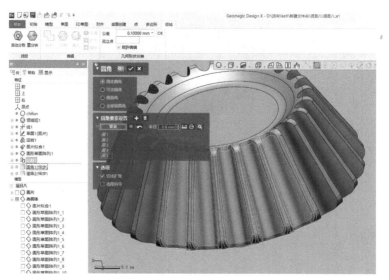

图 7 - 2 - 16　选择需倒圆角部分

图 7 - 2 - 17　倒圆角

图 7 - 2 - 18 完成构建

2. 创建齿轮轴部

①点击"草图"→"面片草图",再次创建草图,完成圆的草图绘制并将其拉伸为实体求和,如图 7 - 2 - 19、图 7 - 2 - 20、图 7 - 2 - 21、图 7 - 2 - 22 所示。

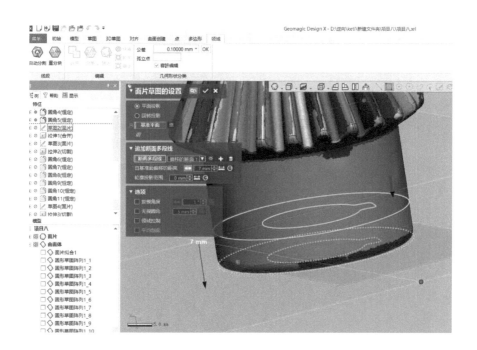

图 7 - 2 - 19 面片草图选择

图 7 - 2 - 20　绘制草图

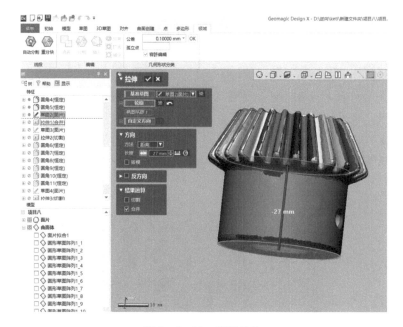

图 7 - 2 - 21　草图拉伸

图 7 - 2 - 22　完成创建

②点击"草图"→"面片草图"，再次绘制草图并拉伸，结果进行剪切，如图 7 - 2 - 23、图 7 - 2 - 24、图 7 - 2 - 25、图 7 - 2 - 26 所示。

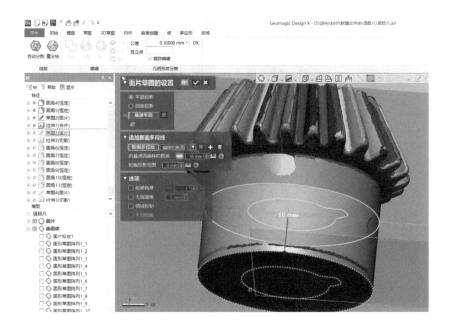

图 7 - 2 - 23　面片草图选择

图 7 - 2 - 24　绘制草图

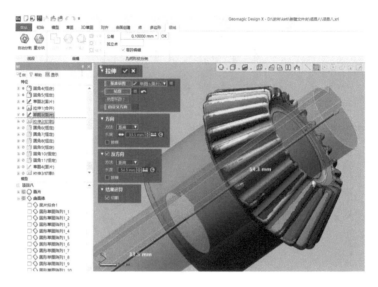

图 7 - 2 - 25 拉伸草图

图 7 - 2 - 26 完成创建

③点击"模型"→"圆角",倒出所需圆角,如图 7 - 2 - 27 所示。

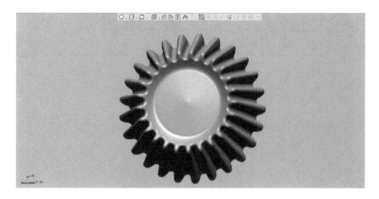

图 7 - 2 - 27 倒圆角

3. 创建细节

①点击"草图"→"面片草图",再次绘制草图用于剪切,如图 7 - 2 - 28、图 7 - 2 - 29、图 7 - 2 - 30、图 7 - 2 - 31 所示。

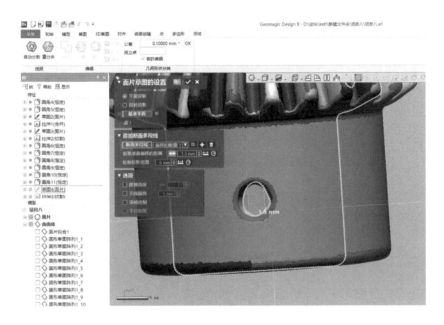

图 7 - 2 - 28　面片草图选择

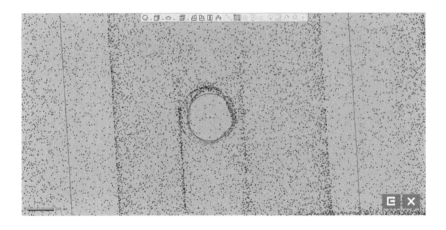

图 7 - 2 - 29　绘制草图

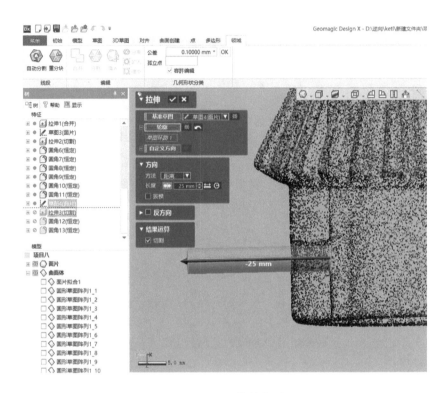

图 7 - 2 - 30　拉伸草图

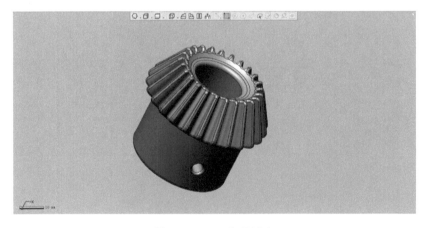

图 7 - 2 - 31　完成创建

②点击"模型"→"圆角",倒出剩下所需所有圆角,如图 7 - 2 - 32 所示。

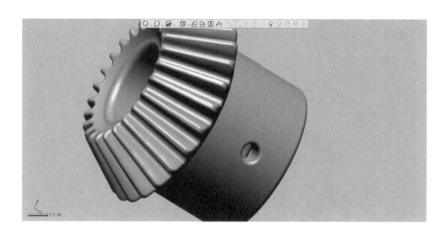

图 7 - 2 - 32　倒圆角

7.3　分析和文件输出

7.3.1　偏差对比分析

1. 偏差对比

建模完成后,选中"体偏差"单击按钮即可查看色彩偏差图,将鼠标指针放在工件上即可查看到偏差数值,如图 7 - 3 - 1 所示。

图 7 - 3 - 1　色彩偏差图

2. 表面对比

建模完成后,选中"环境写像"单击按钮来查看对比表面是否符合要求,表面有无褶皱和缝隙等错误地方,如图 7-3-2 所示。

图 7-3-2 环境写像

7.3.2 文件的输出

具体参照项目一文件输出。

项目八　塑料壳模型重构

8.1　点云数据的处理

8.1.1　点云的导入

将点云数据"塑料壳模型.stl"文件直接拖入软件中，或点击"初始"→"导入"，找到所需文件导入，如图8-1-1、图8-1-2所示。

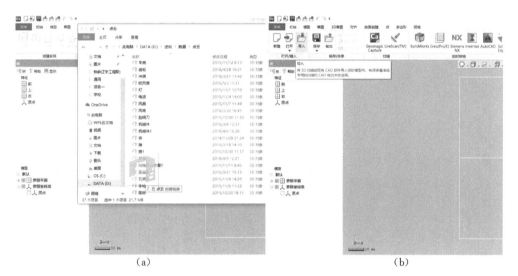

(a)　　　　　　　　　　　　　(b)

图8-1-1　打开文件，选择目录

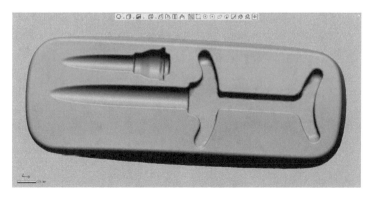

图8-1-2　塑料壳模型

8.1.2 三角网格面片修补

选择左侧特征树下的三角面片,双击进入"面片"模型,对三角面片进行修补,单击并使用"修补精灵"命令,进行整体修补,去除杂乱的面片,如图 8-1-3 所示。

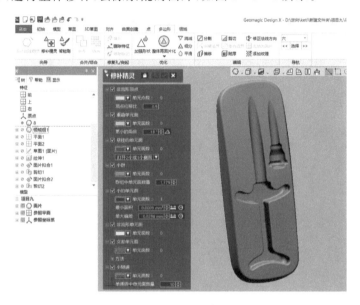

图 8-1-3 修补精灵

注意:对于特别杂乱和表面质量不好的面片,可以点击"优质面片转化"来将面片转化成优质面片,如之后依然不能满足逆向条件,必须转入其他软件进行前处理,否则逆向的误差将不能满足需求。

8.1.3 数据保存

选择"菜单"→"文件"→"输出"命令,单独输出文件,选择所需的文件输出即可,如图 8-1-4所示。

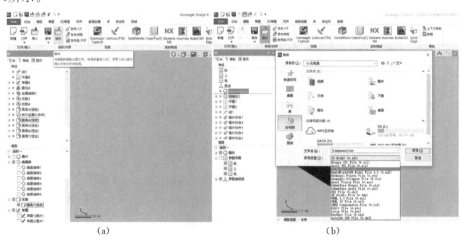

(a)   (b)

图 8-1-4 输出文件

8.2　创建模型特征

8.2.1　领域组的划分

（1）自动分割　单击进入"领域"模块,点击"自动分割"按钮,将"敏感度"设置为"25","面片的粗糙度"设置为中间位置,最后单击"确定"按钮即可,如图 8-2-1 所示。

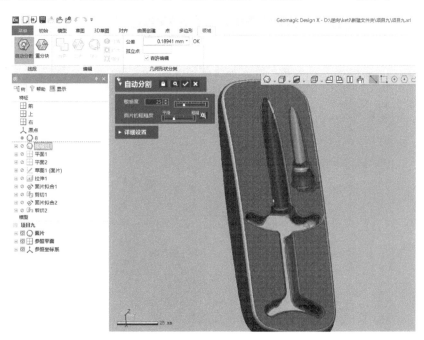

图 8-2-1　自动分割

（2）重分块　如果自动分割领域组后的数据分区不能满足后期建模的要求,需要对分区后的数据进行重新分割。

（3）分离　对划分的区域进行自定义划分,单击"分离"命令,选择左下角的"画笔选择模式",对所不满意的领域组进行划分即可。

注意:调节画笔圆形的大小时可按住<Alt>键并拖动鼠标左键即可。

（4）合并　选择两个领域组,单击"合并"按钮,即可将两个领域组合并成为一个领域组。

（5）扩大和缩小　选择所选中的领域组,单击"扩大"按钮,即可将选中的领域组范围扩大,相反,"缩小"按钮可将所选中的领域组范围缩小。

8.2.2　对齐坐标系

点击"模型"→"平面",创建"平面一"、"平面二",在以平面为基准对齐坐标系,如图 8-2-2、图 8-2-3、图 8-2-4 所示。

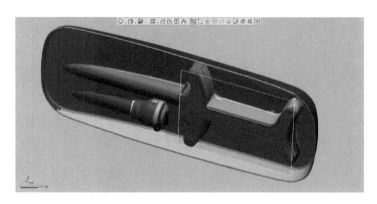

图 8-2-2　创建平面

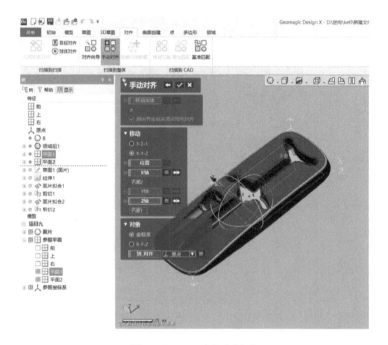

图 8-2-3　对齐坐标系

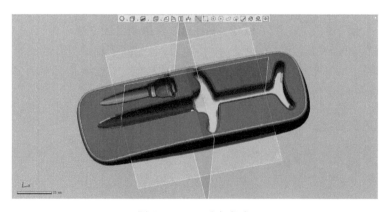

图 8-2-4　对齐完成

8.2.3　构建模型

1. 创建主体

①单击"草图"→"面片草图"按钮,进入"草图"命令,绘制草图进行拉伸,如图8-2-5、图8-2-6、图8-2-7、图8-2-8所示。

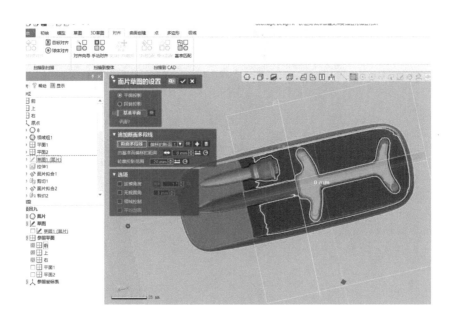

图8-2-5　面片草图选择

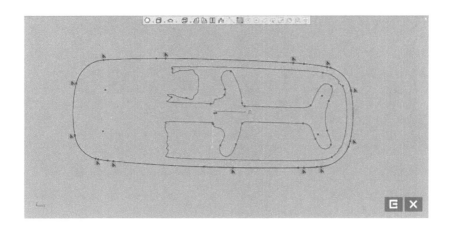

图8-2-6　绘制草图

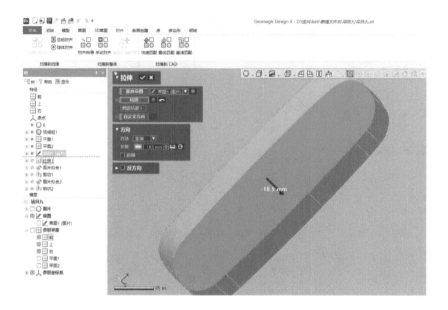

图 8 - 2 - 7　拉伸草图

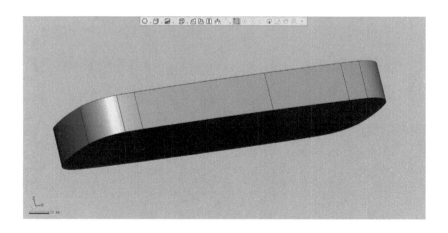

图 8 - 2 - 8　完成创建

②再单击"模型"→"面片拟合"按钮,进入"面片拟合"命令,创建曲面对实体进行剪切,如图 8-2-9、图 8-2-10、图 8-2-11、图 8-2-12 所示。

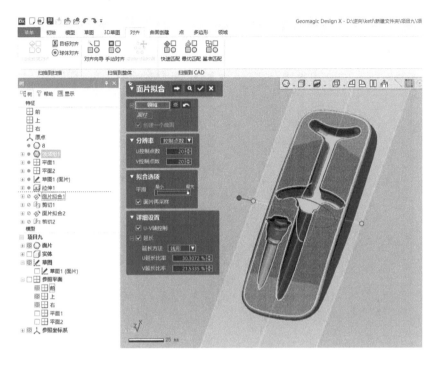

图 8-2-9　面片拟合选择

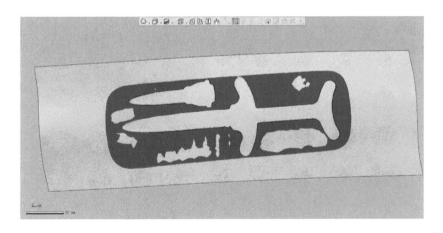

图 8-2-10　面片拟合

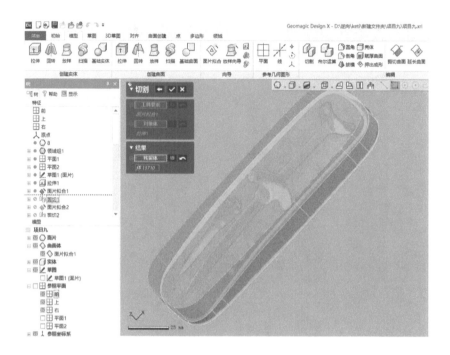

图 8 - 2 - 11　剪切实体

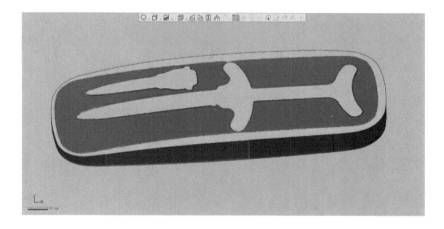

图 8 - 2 - 12　完成创建

③再单击"模型"→"面片拟合"按钮，进入"面片拟合"命令，绘制曲面进行剪切，如图 8-2-13、图 8-2-14、图 8-2-15、图 8-2-16 所示。

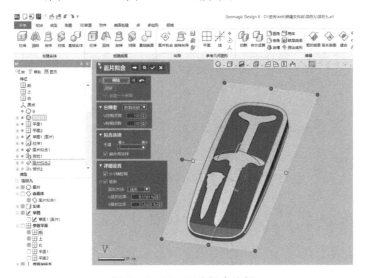

图 8-2-13　面片拟合选择

图 8-2-14　面片拟合

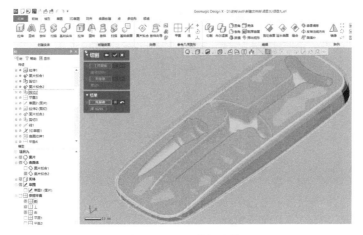

图 8-2-15　剪切实体

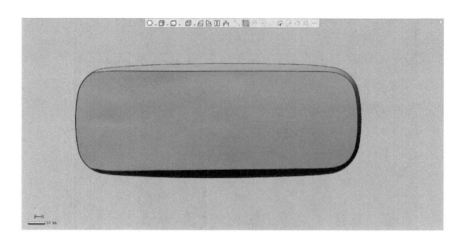

图 8-2-16 剪切完成

2. 创建内部细节

①点击"模型"→"平面",创建"平面三"。以其为基准创建草图,绘制草图后拉伸求差,如图 8-2-17、图 8-2-18、图 8-2-19、图 8-2-20、图 8-2-21 所示。

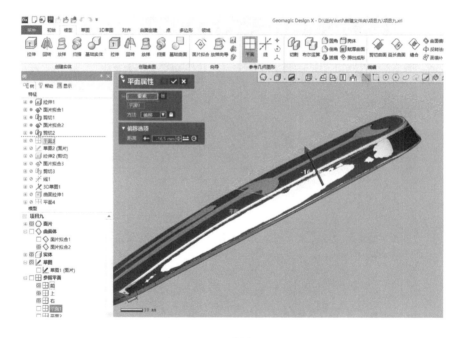

图 8-2-17 创建基准平面

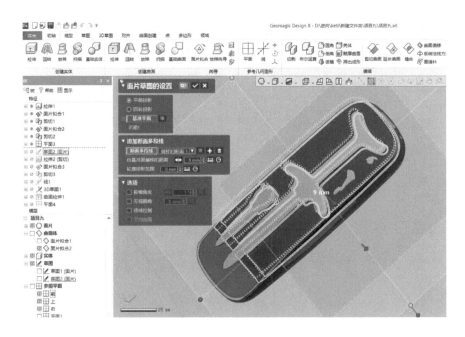

图 8-2-18　单击草图命令

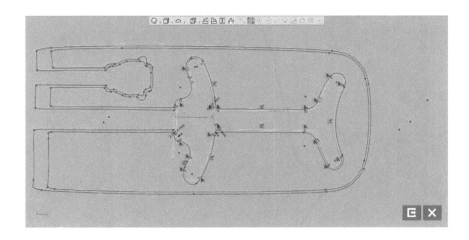

图 8-2-19　绘制草图

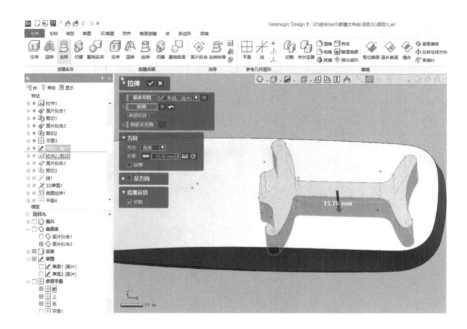

图 8 - 2 - 20　拉伸草图

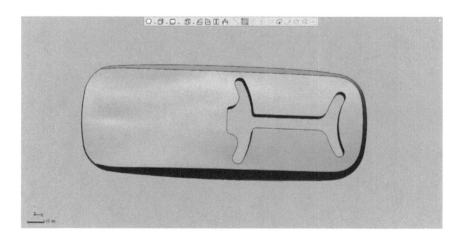

图 8 - 2 - 21　完成创建

②再单击"模型"→"面片拟合"按钮,进入"面片拟合"命令,绘制曲面体进行剪切,如图 8-2-22、图 8-2-23、图 8-2-24、图 8-2-25 所示。

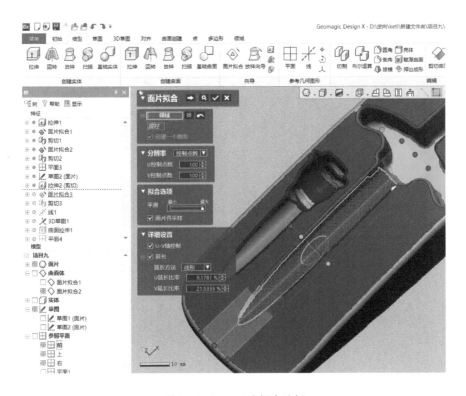

图 8-2-22　面片拟合选择

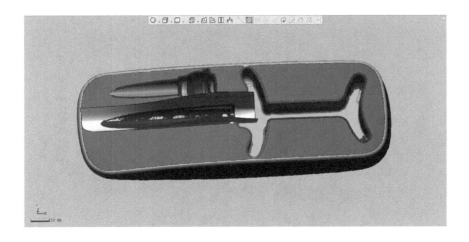

图 8-2-23　创建曲面

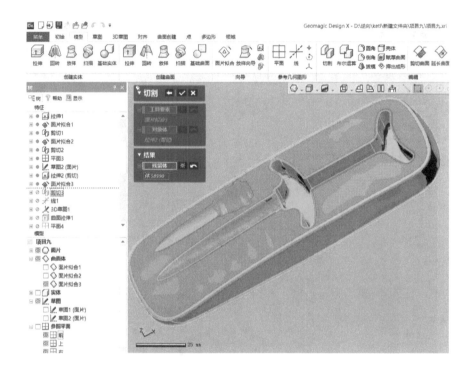

图 8-2-24 剪切实体

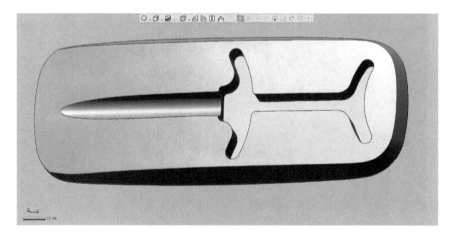

图 8-2-25 完成建立

③点击"模型"→"线",创建"线一",如图 8-2-26、8-2-27 所示。

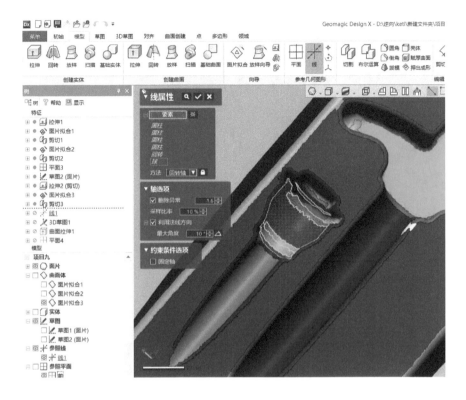

图 8-2-26 创建线选择

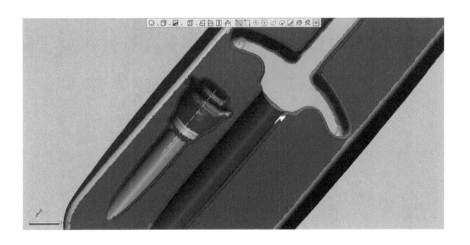

图 8-2-27 创建线

④再点击"3D 草图"绘制样条线，并拉伸样条线，创建"平面四"，如图 8－2－28、图 8－2－29、图 8－2－30 所示。

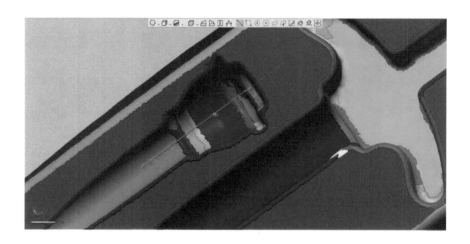

图 8－2－28　绘制样条线

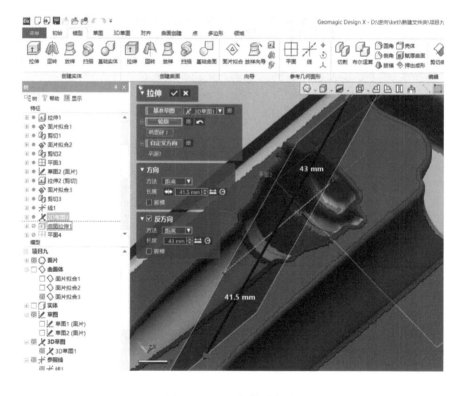

图 8－2－29　拉伸样条线

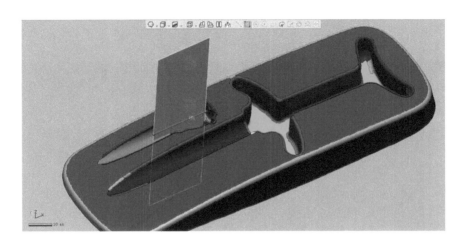

图 8 - 2 - 30　生成平面

⑤再点击"面片"→"面片草图"以"平面四"为基准绘制草图,并进行旋转求差,如图 8 - 2 - 31、图 8 - 2 - 32、图 8 - 2 - 33、图 8 - 2 - 34 所示。

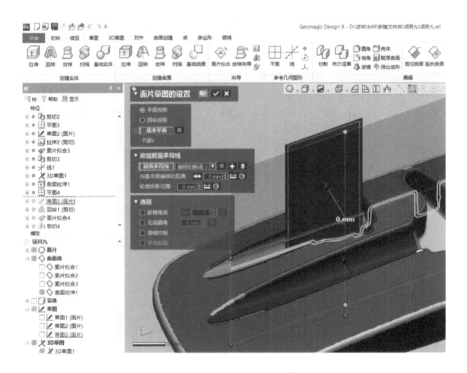

图 8 - 2 - 31　面片草图选择

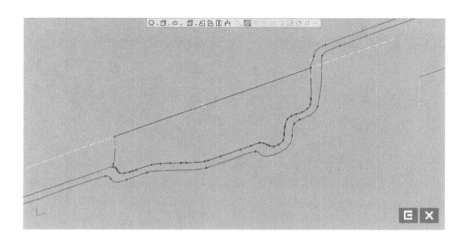

图 8 - 2 - 32　绘制草图

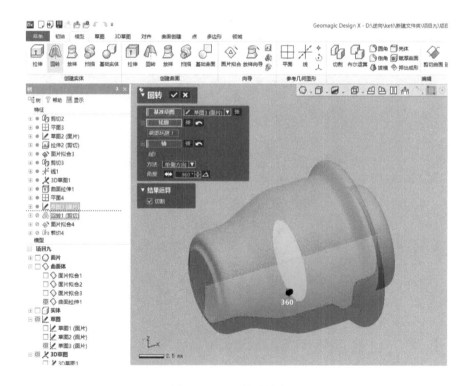

图 8 - 2 - 33　旋转并求差

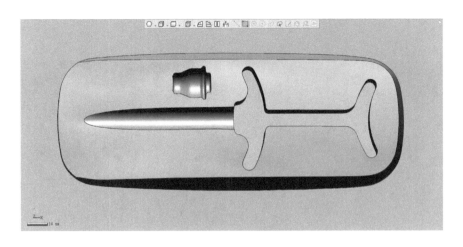

图 8-2-34　完成创建

⑥再单击"模型"→"面片拟合"按钮,进入"面片拟合"命令,绘制曲面进行求差,如图 8-2-35、图 8-2-36、图 8-2-37、图 8-2-38 所示。

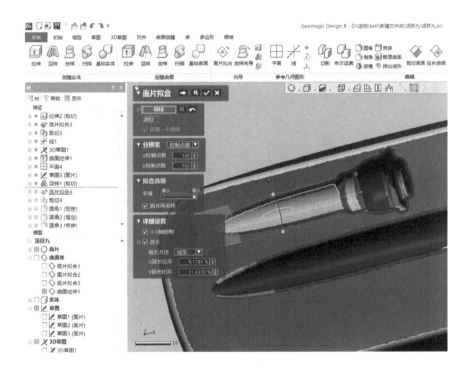

图 8-2-35　面片拟合选择

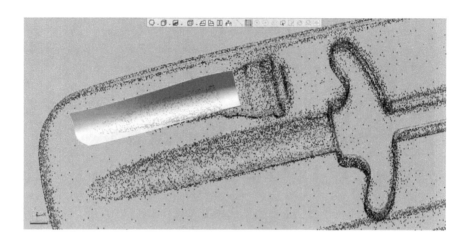

图 8-2-36　创建曲面

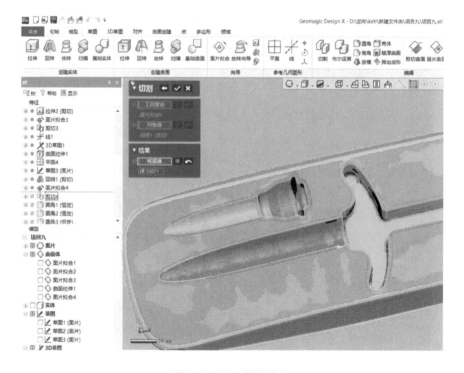

图 8-2-37　剪切求差

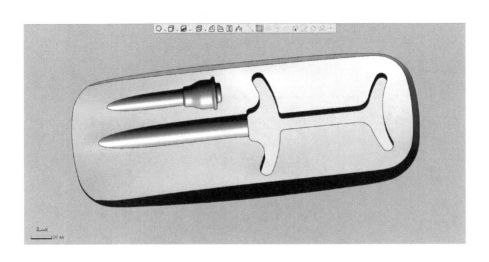

图 8-2-38 完成创建

3. 倒圆角

点击"模型"→"圆角"倒出所有圆角，如图 8-2-39、图 8-2-40、图 8-2-41 所示。

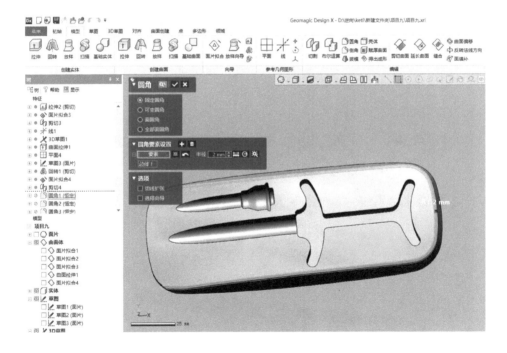

图 8-2-39 倒圆角

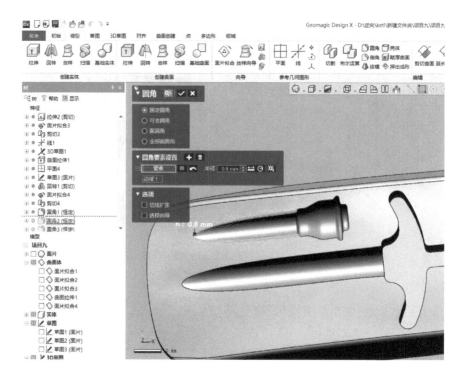

图 8-2-40　倒圆角

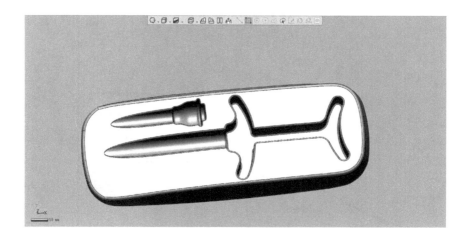

图 8-2-41　完成创建

8.3　分析和文件输出

8.3.1　偏差对比分析

1. 偏差分析

建模完成后,选中"体偏差"单击按钮即可查看色彩偏差图,将鼠标指针放在工件上即可查看到偏差数值,如图8-3-1所示。

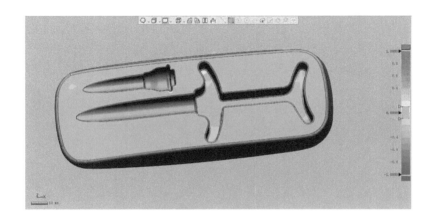

图8-3-1色彩偏差图

2. 表面对比

建模完成后,选中"环境写像"单击按钮来查看对比表面是否符合要求,表面有无褶皱和缝隙等错误地方,如图8-3-2所示。

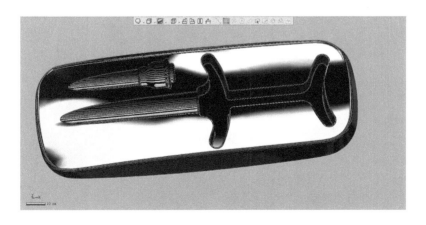

图8-3-2　环境写像

8.3.2　文件的输出

具体参照项目一文件的输出。